湖北省学术著作出版专项资金资助项目

工程景观研究丛书

万敏 主编

Square Design under the Theory and Practice of
Engineering Landscape

广场工程景观设计

理论与实践

万敏 著

华中科技大学出版社
http://www.hustp.com
中国·武汉

图书在版编目(CIP)数据

广场工程景观设计理论与实践/万敏著.—武汉:华中科技大学出版社,2017.9
(工程景观研究丛书)
ISBN 978-7-5680-3362-6

Ⅰ.①广… Ⅱ.①万… Ⅲ.①广场-景观设计 Ⅳ.①TU984.1

中国版本图书馆 CIP 数据核字(2017)第 217402 号

广场工程景观设计理论与实践 万 敏 著
Guangchang Gongcheng Jingguan Sheji Lilun yu Shijian

策划编辑:易彩萍
责任编辑:易彩萍
责任校对:何 欢
封面设计:王 娜
责任监印:朱 玢
出版发行:华中科技大学出版社(中国·武汉)　　电话:(027)81321913
　　　　　武汉市东湖新技术开发区华工科技园　　邮编:430223
录　　排:华中科技大学惠友文印中心
印　　刷:武汉市金港彩印有限公司
开　　本:710mm×1000mm　1/16
印　　张:18
字　　数:274 千字
版　　次:2017 年 9 月第 1 版第 1 次印刷
定　　价:178.00 元

本书得到以下 3 个国家自然科学基金项目的支持：

（1）反消极性的高架桥景观及空间研究（国家自然科学基金批准号 51078159）；

（2）武陵地区乡土石作景观研究（国家自然科学基金批准号 51208220）；

（3）绿网城市理论及其实践引导研究（国家自然科学基金批准号 51678258）。

作者简介 | About the Author

万敏

男,1964 年生,江西省景德镇人。1981—1985 年就读于西安冶金建筑学院(现西安建筑科技大学)建筑系建筑学专业,获学士学位;1985—1988 年就读于华中工学院(现华中科技大学)建筑系建筑学专业并获工学硕士学位。1988—2000 年任教于武汉大学建筑系,1993 年任副教授,1995 年任建筑系副系主任;2000 年至今任教于华中科技大学建筑与城市规划学院,2008 年任教授,2010 年任博士生导师,2012 年任景观学系系主任。同时兼任中国高等学校风景园林学科专业指导委员会委员、中国风景园林学会理事、湖北省风景园林学会常务理事、武汉风景园林学会副理事长、武汉远景规划设计有限公司总创(为国家一级注册建筑师)、国家自然科学基金项目评审专家、《中国园林》杂志审稿专家、国家科技进步奖会评专家、国务院学位委员会评审专家。

迄今为止,主持过两项国家自然科学基金项目,即"反消极性的高架桥景观及空间研究"(项目批准号为 51078159)、"绿网城市理论及其实践引导研究"(项目批准号为 51678258);在《中国园林》《城市规划》等学术期刊上发表论文 70 余篇;主持完成城市与景观规划设计项目 180 余个,其中有 15 项获省部级优秀规划设计奖;合著《道路与桥梁工程美学》一书;提出了"工程景观学""文化地形学""城市 CI""蝴蝶型旅游度假""绿网城市"等学术思想与理论。

前　　言

笔者在长期的工作实践中,曾主持过 30 余个各式各样广场的规划设计,有些经验与感想,一直想通过一本书将其中的酸咸甘苦之味写出来,但起笔以来,断断续续且又断多续少。一方面固然是未找到一个切入广场设计的良好研究角度,若按科普式、教科书式的写法,又心有不甘;另一方面则是科研、教学、生产任务的齐头并进而使时间捉襟见肘。

然而两年前与华中科技大学出版社姜新祺总编及易彩萍编辑的一次有关申报"湖北省学术著作出版专项资金资助项目"的"猎题"长谈,却成为一个契机。笔者其时抛出了一个概念,那便是"工程景观学",该想法立马得到两位编辑的欣赏与鼓励。在清华大学杨锐教授的力荐下,该选题竟然很快获得了当年(2015 年)湖北省学术著作出版专项资金资助项目的支持,且还属该专项资金设置以来对该出版社资助力度最大的一笔。内心在为"工程景观学"窃喜之余,巨大的压力感也随之而来。

虽然该选题已思索过多年,笔者也围绕课题及其延伸方向安排有硕士生、博士生先行切入相关研究,还指导过近 10 篇进行相关研究的硕士、博士论文,但笔者本人在该方向却从未进行过系统性的写作整理。申报选题时,对其中 3 本书一蹴而就的构思快感,很快便被实际成书时的"煎熬"消解,内心不由一声长叹:"理想与现实的差距怎么如此之大呢?"

某一天,笔者在向新购电脑中复制旧的历史文件时,上述久未成型的城市广场稿件便映入眼帘。说是稿件,其实是一堆稍加整理但已有 6 万余字的素材。一个念头忽然一闪,何不立足工程景观学对已有的城市广场素材加工改造进而成书呢?

该想法立即使笔者产生一种释然与动力,首先释然的是可为"工程景观研究丛书"的如期交卷增添一本新的成果,另一方面则是为城市广场书稿终于找到了一个值得深化的写作角度与方向,这对因该丛书久拖未决而有挫

败感的笔者是一种释然。殊不知,这可是笔者在书籍写作方面的"处女作"呀!

机缘巧合的是,2017年的暑假来得如此及时而又绝对漫长,这激励笔者一鼓作气顺利地完成了本书。

广场是城市与乡村公共空间的核心与精华。自20世纪90年代起,城市广场建设便受到政府与社会的高度瞩目,并涌现出许多优秀案例;而今的美丽乡村建设则使广场由城市走向了乡村,广场被推向了一个有更大作为的广阔天地与舞台,也给其规划设计与建设带来了新的挑战与新的要求。面对广场建设的各种新形式与新发展,本书有关乡土工程景观的营造理论对此是有所思考、响应与借鉴的。

笔者在书中立足景观,当然包括工程景观,还提出了一套有关广场设计中形象营造的理论与方法。虽然有关"形象"的用词问题在风景园林学术领域稍有争议,更能被接受的相关专业词汇是"意向",但在英文中,两者实则是同一单词"image"的不同译法。英文虽然相同但其中文翻译却存在一定差异。"形象"因其语义之鲜明、直白,更为政府、社会及操作实施层面的人士喜爱,而"意向"则因其语义的含糊、游离、延伸空间大而更受专业人士喜爱,但两者无疑均属视觉的心理感知与识别理论的范畴。考虑到当今CI体系在该学科领域的先入为主及其被社会接纳的广泛基础,故而"形象"为笔者所认同与采纳。

本书还优选了笔者主持或深度参与过的约20个不同类型广场的设计案例,有半数案例均为已建成项目,其中的经验与教训笔者亦和盘托出,这对我国城乡规划与建设部门及相关的广场建设者、设计者均是鼻息相通的。本书还可作为高等院校风景园林、城乡规划、建筑学、环艺设计等专业的教材或参考书,也可供园林与景观设计、城乡规划、建筑设计等专业人员参考借鉴。

万　敏

2017年8月于喻园

目　　录

1

第一章 广场设计的理论基础

第一节 广场的类型

广场是城市及乡村开放空间体系中最为重要的节点,是开放空间的核心与精华,也是文化重要的展示窗口,故而成为衡量当代中国景观建设水平与质量的一个重要考查点。我国近20年来大量兴建的广场不仅丰富了城市空间,充实了城市居民的休闲生活,疏减了人居环境密度,也极大地提升了城市景观的质量与水平,其中呈现出的类型也是丰富多样的。

广场总体上可划分为独立型广场与依附型广场两大类。独立型广场一般依法定城乡规划设置,在城市用地表达中用独立色块反映,并在规划中有一定的使用与性质限定(表1-1:独立型广场和依附型广场用地色标);依附型广场一般依功能地块或功能单位的使用要求设置,是相应地块的交通、引导、聚集、入口或形象展示空间,其用地大多与功能地块的性质一致,故而无独立的色块反映。此外,广场依其所在地域的行政层级、性质定位、使用功能、风格特征、主题形式等不同还有其他划分方式。

表 1-1 独立型广场和依附型广场用地色标 (秦训英 编绘)

类别代号(大类)	类别名称	颜色值	色标	备 注
A	公共管理与公共服务设施用地	231		广场可依附于:A1 行政办公用地、A2 文化设施用地、A3 教育科研用地、A4 体育用地、A9 宗教用地
B	商业服务业设施用地	240		广场可依附于:B1 商业用地、B3 娱乐康体用地

1

续表

类别代号（大类）	类别名称	颜色值	色标	备　注
S	道路与交通设施用地	8		广场可依附于：S4 交通场站用地
G	绿地与广场用地	90		广场可依附于：G1 公园绿地；另外，广场可独立设置于：G3 广场用地

（1）根据行政层级划分，广场可有国家级、省级、地市级、县区级、镇级甚至村级等级别之分。一般而言，行政层级越高的广场，人们的接受度越高，而对镇级与村级广场则争议较多（图 1-1：映秀水磨古镇广场）。笔者就曾受邀参与过某中心村的广场设计，在设计实践中，甲、乙双方均会在尺度与乡村适配、功能适应农村生产与生活等方面有所侧重。虽然从众心理会使大多数业主选择以"广场"为名，其结果往往更像兼具农业晒场、祭祖、操办红白喜事、健身跳舞、乡村聚会休闲等功能的场所，修建完成后是深得村民喜爱的。故而大可不必对"广场"一词"谈虎色变"甚至逢"场"必反。

图 1-1　映秀水磨古镇广场　（秋力鸣 摄）

广场也可按城乡规划界定的尺度层级进行分类，如城市级、片区级、居住区级甚至小区级广场等。上述不同级别的广场一般隶属相应的城市，发挥相应级别的城市中心广场的职能，体现相应地理范畴的自然、生态、文化、政治、社会以至经济等的风貌精髓，并依层级构成城市广场的纵向系统。虽然相关法规并未像对绿地系统一样对城市广场有分级设置要求，但这种系统化层级配置的思维在不少城市的法定规划中是有所体现的。我们通常所称的城市中心广场就是立足层次级别划分的结果。依据层次级别还可区分出片区级中心广场、居住区级广场甚至小区级广场等不同的层次对象。合理把握各类广场层次级别之定位也成为广场规划设计的重要切入点。

（2）广场根据其使用性质可分为行政（政治）广场、纪念广场、文化广场、生态广场、休闲广场、体育广场、商业广场、疏散广场、交通广场、儿童广场、集会广场等。前 6 类广场一般属独立型广场，其使用性质一般是城乡规划"先天"界定的；而后 4 者属依附型广场，其使用性质则由相应地块的使用功能来确定。上述广场的各种功能性质一般反映广场主导的、特色的或有价值导向意味的功能，但并不排除其他功能；实际上绝大多数广场均以一种最为重要的功能为主而兼有其他多重功能，有时附属功能的使用频率还远高于其主导功能。像黄帝陵前广场的主导功能是纪念，但该功能每年的使用次数很少或仅有一次，平常的功用则是游客的观光与集散（图 1-2：黄帝陵前广场活动前后对比）。

图 1-2　黄帝陵前广场活动前后对比　（岩冰　摄）

（3）广场根据其不同的风格、手法的地域表现有欧式、中式、民族式、乡土式等之分；也可根据其不同风格的时间表现分为传统、现代、时代、未来等不同格调。然而，除欧式风格的广场富有传统并"师出有名"外，我国以及世界上相当多的民族及国度是没有广场营造传统的。我国古代城市中尺度与使用功能上与西方意义的广场相当的城市空间只有"校场"，但校场的主导功能却是军事操练,其功能的扩展则多为"斩首示众"之类。这寓示我国的城市广场建设在风格、情调、文化、人本甚至技术方面完全没有传统约束。事实上,我国近些年涌现的城市广场在高科技成果的运用方面已较欧美发达国家更体现出一定的敢为人先的超前特点(图1-3:西安大雁塔广场音乐喷泉,图1-4:武汉汉街昭君广场激光秀)。

图 1-3 西安大雁塔广场音乐喷泉 (秦珊珊 摄)

图 1-4 武汉汉街昭君广场激光秀 (六品 摄)

（4）广场根据其主题特色还可分为水广场、灯光广场、文化广场、科技广场、工业广场等类型。该类主题特色广场是我国近些年出现的新趋向，体现了我国城市广场大量建设后，对千篇一律现象的一种反思与求解。这种反思其实也发生在当代的欧美发达国家，故而成为我国城市广场建设与世界发达国家接轨的象征。广场建设中，该类主题特色发展的倾向我们可在柏林大屠杀纪念广场（图 1-5：柏林大屠杀纪念广场）、纽约世贸中心遗址纪念广场（图 1-6：纽约世贸中心遗址纪念广场平面图与夜景）等广场中找到痕迹，只不过欧美发达国家多在纪念性方面下功夫，而我国更注重娱乐休闲性。因西方发达国家近二百年来一直主导着世界政治、文化、思想等方面的优势话语权而使其可在城市公共空间进行"肆无忌惮"的、符合其国家精神与意志的表达；而在中国，却因"话语权"的低势，致使其城市广场"畏缩"于休闲与娱乐的"边缘"姿态，难以潇洒地张扬其价值标准与判断，这种现象值得我们反思。

图 1-5　柏林大屠杀纪念广场　（Peter Eisenman、万敏 摄）

图 1-6　纽约世贸中心遗址纪念广场平面图与夜景　（陆相华 摄）

当然,城市广场根据其竖向空间关系或周边建筑围合关系等还有一些比较常见的分类方法,在此不作赘述。

第二节　城市广场的特征

一般而言,公共性、艺术性、服务性、窗口性这 4 个方面的特征是绝大多数城市广场所共有的,故可称为城市广场的共性特征。其中公共性、艺术性这两个特征对城市广场是不言而喻的,且相关论文或书刊的解析也很多,在此不作阐述与展开。下面我们重点了解后两个特征。

城市广场的服务性首先反映在其为城市政治、文化、商贸等活动提供物质空间保障方面;当然城市广场也是市民或游客休闲、娱乐、游憩的空间;同时城市广场的开敞对较大规模人群的交通、疏散、导引、聚集等具有更大的空间包容性;周边环境与设施也可利用城市广场作为空间缓冲;甚至在地震等自然灾害中,城市广场还是具有防灾指挥中心作用的安全避难场所等。在高密度的城市建成环境以及车水马龙、密不透风的城市空间中,城市广场具有疏减人居环境密度的作用,这一点是以前学界与行业不太关注的。这些均是城市广场服务性特征的反映。

城市广场作为城市空间的重要节点,是城市开放空间中的精华,故而城市广场亦被市民亲切地比喻为城市之"客厅"或"起居室"。更多的城市文化、城市理念、城市精神等内涵被赋予其中,游客在此可领略城市景观之精彩,感受城市之精神风貌等,这些均是城市广场窗口性特征的反映。

此外,还有一些特征并非每一城市广场具备、但又被人们强调并采纳,如文化性、地域性、生态性、参与性、时代性甚至人本性等。这些非共性的特征也可称为城市广场的个性特征。

城市广场的文化性是我国当前广场规划设计时的普遍要求。前文之所以未将其纳入共性特征的范畴,一方面是因为存在一些诸如交通集散广场、体育广场等功能性极强的类别;另一方面是因为广场的文化性表达存在严重的良莠不齐现象,如不少广场中充斥的历史故事堆砌之浮雕墙、八股式套路格局下的音乐喷泉、建筑与景观不合时宜的照搬、缺乏审美要求的园林置石与掇山等。文化是从历史、地理、民族、宗教、民俗到政治、经济、社会以至生活等所有的人文因素的集合,故而是包罗万象的;文化又无处不在,从广场的命名、雕塑、造景、格局到广场中的铺装、绿化、小品等均可有文化之斧凿或联想;文化甚至还有有形与无形之分等。故而文化性是广场表现中最通常而又宽泛,同时也是最难恰如其分地把握的特征,也是极易使城市广场建设富有特色抑或落入俗套的一个原因。还有一个令人难以摆脱的尴尬现象便是,城市广场因为政府的高度关注而成为某些文人墨客时常讨论的话题,其中的"泛文化优秀论"也成为主管部门难以逾越的"雷区",这不知扼杀了多少殚精竭虑而又优秀的设计构思!

　　广场的地域性是较广场的文化性更具专业价值观的表述与特征。地域性与文化性的交集很广,立足特定的地理范畴,地域性甚至包容文化性;此外,地域性还具有很多文化性所不具备的内涵,如地方建材、乡土植物、自然气候、地形地貌、区位交通等。对城市广场地域性的追求是营造广场唯一性、形成广场特色的重要手段之一。诸如熟练驾驭乡土材料、尊重场地地貌、配合周边环境等的设计方法也使广场的地域性表达具有了一些可操作的、理性的途径,故而地域性也成为城市广场特色营造中"看得见、摸得着"的一种重要方法,这也是地域性较文化性更符合专业价值判断的重要原因。

　　生态性是当前中国人口大规模集中、环境破坏、资源枯竭背景下具有正能量导向的群体思维结果。我国城市广场建设曾一度大肆风行,为了遏制各地兴建大广场的攀比现象,原建设部就有针对性地明文规定:城市广场硬质铺面的总面积不能超过 20000 m^2[①]。这对当时动辄使用大量城市建设用地规划建设城市广场、树立形象的现象无疑起到了良好的生态导引作用。笔者其时便经历过若干个总用地面积超过 10 hm^2 的广场设计,恰逢该规定颁布不久,对于硬质铺面总面积的限定,立即使广场的绿地率攀升至 80% 以上。若无该政策导向,盲目攀比聚集规模,凭部分领导的直觉判断"宏伟"效果的方式来确定广场大小,城市广场的硬质铺装规模是无法得到控制的,广场的生态性也就无法得到有效保障。生态性当然不单纯反映在硬质铺装与

---

　　①　建设部,中华人民共和国国家发展改革委员会,中华人民共和国国土资源部,中华人民共和国财政部. 关于清理和控制城市建设中脱离实际的宽马路、大广场建设的通知(建规〔2004〕29 号).

绿地的此消彼长方面，广场建设中雨水收集利用、下渗式广场铺装、因地制宜的地形利用、适地适树的植物造景、太阳能的利用、适龄树木栽种等均可反映城市广场的生态性内涵。

城市广场有较高的观光要求，这不容置疑。但为使观光者能在广场中入情、入境，对参与性的强调是必不可少的。参与性可调动游客与广场景观之间互动的热情、提高广场景观的吸引力、拉升城市广场在民众心中的美誉度、丰富城市景观内涵、增强城市广场的服务功能，并具有寓教于乐等诸多优势，故而受到广场建设者、设计师、民众等各种角色人员的青睐。但要达成该目标，就需要在设计甚至使用过程中殚精竭虑地调动广场中更多的景观要素来发挥参与性功用。像纽约时代广场便是利用摄像头将广场特定位置的人群通过一个大型显示屏进行即时展示，游客在显示屏前寻找自己欢跳的画面与场景，新媒体景观成为时代广场最具参与特色的载体。而武汉江汉路步行街上的"热干面摊"即景雕塑便是将 1.2 倍的热干面摊进行真实展现，面摊的八仙桌则空出三方坐凳，虚席以待游客光临，游客一般均会在桌旁小憩、体验、欣赏组雕中"大师傅"之服务（图 1-7：江汉路热干面摊即景

图 1-7　江汉路热干面摊即景雕塑　（秦训英 摄）

雕塑);而不远处的"纳凉下棋"即景雕塑在景观参与方面亦有异曲同工之妙(图 1-8:江汉路纳凉下棋即景雕塑)。民众的踊跃参与之情在此展露无遗。实际上,只要设计者与管理者集思广益、开动脑筋,很多广场的景观要素均是可开发参与功能、调动参与热情的,如互动植物、音乐路、感应灯具、沙滩、趟水、观鱼、喂鸽、拓贴等。

图 1-8　江汉路纳凉下棋即景雕塑　（秦训英 摄）

时代性也是城市广场规划设计中经常被提及的要求,而最能反映城市广场时代性特征的方法便是求新、求异。诸如广场形式、风格的创新,新材料、新技术的运用,高科技产品的入驻,科技内涵与广场景观的结合,不断更新的新媒体画面,知识景观展示等。故而,对时代性的追求是促进城市广场设计手法与风格不断创新的动力,这要求广场设计者必须把握时代发展的脉搏,敏锐捕捉时代特点,才能实现推陈出新。

第三节　城市广场的功能

城市广场的功能是多种多样和丰富多彩的,总体而言可分为交通聚集、娱乐健身、休闲观光、服务配套 4 大类,且还可细化出二三十个小类,下面试予列举。

（1）交通聚集类功能：集会、聚会、会展、集散、疏散、分流、防灾、停车、换乘、交通环岛等。

（2）娱乐健身类功能：晨练、晚练、歌舞、体育、游乐等。

（3）休闲观光类功能：纪念、体验、散步、游憩、驻留、观光、聊天、听书、赏歌等。

（4）服务配套类功能：小卖、Wifi、厕所、露天吧、照明、广告、标识、管理等。

上述罗列并不能穷尽所有功能，事实上城市广场的功能也是无法穷尽的。原因在于，广场在使用过程中常常会迸发出一些预想不到的功能。如武昌首义广场就经常有书法爱好者聚集，爱好者们用大型蘸水毛笔在火烧板材分格的硬质铺装上练习、表演各种风格的水笔书法，并成为广场上一道独特的文化景观（图1-9：武昌首义广场水笔书法）。笔者亦曾在罗马斗兽场广场目睹过喷笔画家在广场中摆设地摊并现场作画表演的场景，画家在绘制过程中对各种颜料、工具、套具的熟练运用均具有行云流水般的优美与连贯性，观者与其说是欣赏一副动人作品，还不如说是在享受舞蹈般的绘制过程。上述预想不到之功能的发生不仅为物质性的广场空间增添了人文色彩，也为城市广场打造出一出出鲜活、生动、自然而又富有特色的人文景观。类似性质的广场活动与功能还有会展、义卖、放风筝、场地玩具销售、杂耍、

图1-9　武昌首义广场水笔书法　（秦训英 摄）

布告、约会等。这些在广场建成后自发产生的功能我们也可称为广场的非限定性功能。反之,在广场建设之初便预计到并付诸实施的功能就可称为限定性功能。

所谓限定性功能是指广场本身被赋予的功能,包括规划建设或使用过程中由管理者界定的功能,还包括广场根据依附对象所需配合的功能等。一般的广场在建设之初,规划部门会根据总体规划或控制性详细规划提出广场的性质、定位之类的要求,建设单位也会结合领导与部门意见,提出相关使用要求,设计师还会结合上述要求提出一些个人想法等。虽然这些意见在方案形成过程中会有所补充或删减,但均成为广场功能建构之本初意图。

限定性功能反映城市广场建设管理者的精英意识,是广场功能自上而下的设定,故而可视为广场的正规性功能;而非限定性功能源于使用者的自发意愿或管理者的顺应措施,属广场建成后民众的"创造",具有自下而上的生成特点,故可视为广场的非正规性功能。对非正规性功能的关注、引导甚至发掘,是广场文化建设的重要方面,也是景观社会学的重要内涵,其对使用者充分尊重并预留空间的思维,预示着城市广场规划设计未来的深化发展与努力方向。

城市广场的建设一定是为城市、环境与人3方面服务的,故而其4大功能框架还可按城市、环境与人的使用要求进行归类。由于城市是个放大了的环境,故而城市与环境的需求大致是相同的,而交通聚集功能主要是为满足城市政府或文化公益层面组织活动所需,同时也兼顾为周边环境提供服务,故而成为城市、环境两者对广场使用的共同要求。其余的3大功能组成,即娱乐健身、休闲观光、服务配套则均是为广场使用人群服务的。由此可知,虽然城市、环境的尺度很大,但对广场的功能需求仅占广场功能总量的约1/4;另外约3/4的城市广场功能均是为人而设,并因人而异的,这便是城市广场规划设计中"以人为本"的原则内涵受到各方高度重视的根本原因。

以服务于人的观念审阅当代城市广场建设,我们发现当今不少地方政府视广场为自家的"前庭花园"而限制或禁止市民活动的思维是极端错误的。笔者曾在鄂西偏远的来凤县看到过一个市民高度参与、共建广场文化的优秀案例(图1-10：来凤政府广场的广场舞)。这是于政府行政大楼之前设置的城市广场,其设计与建造本身并无太多独特之处,但每当夜幕降临、华灯齐放之时,数千市民欢聚于广场之中载歌载舞、娱乐健身的场景却让人深深感动。在此可体会政府与百姓之间的和谐与共融,广场真正成为弘扬城市精神文明的载体与建设和谐社会的楷模,也成为城市广场建设促进官民关系的一个见证。城市广场是可为和谐社会服务的。

图1-10　来凤政府广场的广场舞　(来凤百姓网)

城市广场的功能还有物质需求与精神需求之分。物质需求包括集散、集会、会展、疏散、分流、防灾、小卖部、电话、厕所、照明、管理等交通聚集与服务设施配套类的需求;其余的娱乐健身、观光纪念、休闲约会等大多属精神需求的层次,因此我们可把广场的建设上升到精神文明的高度。当然,在广场建设中我们希望吸纳更多不同建议,以便促进广场规划设计质量的提升。事实上,当今城市广场出现的小型化、与公共绿地结合化、生态化、差异化、乡村化等趋势便是在多元化思维或不同意见推动下优化发展的结果。

第四节　城市广场的价值

广场以其在城市空间环境中的表现力和感染力而具有巨大的凝聚力。每到夜间,人们趋之若鹜,休闲、散步,其乐陶陶。即使某些广场粗制滥造,人们亦乐此不疲,这说明广场的社会价值得到了认同。

社会价值的构成有物质因素也有精神因素,广场则满足了社会价值中人的精神需要。因此,我们可把广场的建设上升到精神文明的高度。可以说,广场建设是社会价值体系中物质文明达到一定高度后的精神文明的必然要求。只要物质文明在发展,广场就会不断增加,故而在当今中国,城市广场的规划建设还是有很大发展空间的。

我国的广场存在概念泛化现象。很多住宅区、商业区、办公区、街心绿岛、绿地等均可美其名曰"广场",这一方面反映了城市居民对城市空间中的精神生活的追求,更深层次的原因则是城市开发商为迎合该种社会价值心理而推波助澜,不少开发商希望通过类似的"精神补偿"来产生物质效应,这是广场泛化的主要根源。

城市广场的建设还是一种"消费",在带动传统社会产业发展的同时,也促生了一批类似水景、亮化、新媒体等新兴产业。另外城市广场的建设所发动起的大额资金对国民经济的总体循环有一定的意义。站在战略高度,是对我国"鼓励消费、拉动内需"的总体经济战略的响应,这些均是其经济价值的体现。

此外,城市广场的建设对城市生态循环经济还有潜作用。上海市曾对园林绿地所带来的产氧、吸收二氧化硫、滞尘、蓄水、调温等功能进行量化,发现每年的绿化效益竟达 89.5 亿元[①]。有兴趣的读者可将城市广场在旅游、生态、周边商业、交通、能源消费以及城市形象感召、招商引资等方面的潜在效益算一笔账,其数目一定惊人。

---

① 张绍梁等,对我市实施可持续发展战略若干问题的调研报告,2008 年第三届上海市决策咨询成果奖综合奖。

我国城市更新的"陈年老账"使不少城市综合价值呈现负效应,借城市广场的建设勾销老账,以使价值回升,这便是价值学说中的耦合。耦合使城市综合价值呈现正效应,其结果是周边物业、产业的升值。这就不难理解为何城市广场在建设的同时,还会带动周边环境的综合整治,即所谓"借船搭车"现象。价值耦合作用是城市或建筑的完善与改造活动的基本动因。

城市广场也招致一些善意的批评,不少意见切中要害。这说明城市广场在专业价值方面还有完善的空间,而下面4个方面便是需要引起重视的问题。

(1)广场生态的问题。包括草太多、树太少;硬化多、绿化少;精致园林多、节约性园林少;硬质下垫面多、透水铺装少等。一个良好的城市广场其生态应是综合的、立体的、复合的。上述现象既是一个生态问题,也是一个经济问题,这些应在以后的城市广场规划建设与改造中给予高度关注。

(2)广场的管理与维护成本问题。广场在规划设计之初,就应充分研究项目构成,设置少量效益型项目,并使效益与广场的公益平衡,达到以效益养公益的目的,解决"买得起马、配不起鞍"的问题。另外可对周边受广场人气辐射而产生的直接效益进行量化研究,以便认识与发掘价值潜流。

(3)广场八股的问题。这是价值盲从的结果,有些则反映设计者学艺不精或是没有专业价值立场,当然其中也有广场造景手段的更新问题。

(4)广场建设的价格信息指导问题。广场吸纳新的造景手段能充分体现时代特点。有些造景手段采用了现代高科技成果,这使广场与高科技沾边,但高科技的价格空间需要有一定的信息指导,这当然要考虑高科技的高附加值特点。另外广场中的艺术品也有必要进行一定量化。

第五节　城市广场的景观营造

城市广场在满足主导功能使用要求的前提下,还必须依靠丰富多彩的景观来引人入胜。事实上,要实现城市广场的主导功能并不用太费周章,但要让城市广场富有魅力,则应在景观营造方面动更多脑筋、想更多办法。故而,调动文化、自然、社会、科技等一切因素为广场的景观营造服务,便成为广场景观设计的重点与难点。

总体而言,城市广场中利用相关要素与题材塑造景观的方法不外乎 4 种,下面给予阐述。

一、老景当留、历久弥香

需要特别说明的是,有些景观是创造不出来的。像天安门城楼上那些伟人驻足、见证共和国历史的情景是时间积淀与场所魅力叠加的结果(图 1-11:天安门城楼上的开国大典),就像一杯老酒,越陈越香,不是设计师可以创造出来的。故而,在广场设计中,要注重对既有场所特征、景观的保留与保护,并使其成为广场的有机组成甚至核心景观,这便是尊重文化、塑造特色,同时还是"价廉物美"的重要手段。邓州古城广场的设计在该方面便采取了一些值得肯定的做法。该广场位于邓州古城的西护城河畔,笔者将护城河的历史形态、城墙遗迹甚至环境要素均给予保留,站在广场的西界,古城要素可尽收眼底。20 m 宽的绿地成为古城墙、护城河坡岸等历史要素的保护载体,具有时代特征的广场与具有历史特征的古城在此交汇,相得益彰(图 1-12:邓州古城广场)。同样是依护城河而建的济南泉城广场,其景观营造则有所不同。硬质化的护岸、过于现代的机械切割并磨光的石材使人在此难于捕捉济南的老味道,作为历史遗迹的护城河也被彻底"更新"或者破

图 1-11　天安门城楼上的开国大典　(董希文 绘)

15

坏;虽然若干组雕塑点缀出一定文化内涵,但大型的现代喷泉却又喧宾夺主地将古老泉城的历史记忆抹杀殆尽(图1-13:济南泉城广场夜景)。

图 1-12　邓州古城广场　(梁光胜 摄)

图 1-13　济南泉城广场夜景　(泛舟平 摄)

　　故而广场设计的首要任务便是弄清基址的环境背景与既有景观,它们之间发生的故事可能大多均没有像天安门广场上的那么声势浩大,但这种老场景、老味道一定与城市居民有相当多的情感关联,新的广场中哪怕是保留那么一丁点,对当事人产生的景观触动均有事半功倍之效。非常可惜的是,偌大中国,万千新建广场中笔者却鲜见这种具有文脉主义倾向的景观营造案例,这不利于文化遗产的保护,对景观资源也是一种极大浪费。

值得欣慰的是,自党的十八大确立美丽乡村建设的政策导向以来,我国的乡村文明建设已上升至中华民族文明史主体地位的高度。农村中的一些老记忆、老物件、老味道越来越受到人们的重视,这也使"老景当留、历久弥香"的规划设计原则在中国广大乡村得以生根、落地。大量美丽乡村建设实践表明,当今中国的乡村广场建设在地域特色保护方面有比城市广场更多且更为出色的表现。

二、因地制宜、量体裁衣

追求城市广场设计的唯一性不仅可体现景观差异性,也是反映城市广场特色的重要手段;而因地制宜、量体裁衣则又属于营造城市广场唯一性的最为重要而又有效的方法。意大利锡耶纳市政广场便堪称运用该营造手法之经典实例。广场位于一个西高东低之所,实际上是处在一个山坳之中。广场并未将该山坳地夷平,而是顺应地形创建了一个扇形曲面,在扇形曲面的低点,即视觉中心的位置布置了一座哥特式塔楼——曼吉亚塔,塔楼的底层正是市政厅主入口,而市政厅的外形为呼应广场做了一个反弧墙面。广场之形态、塔楼之位置、反弧之外墙等均属巧妙感应扇形曲面地形的结果,其独特的空间及处理手法也使该广场成为因地制宜、量体裁衣式设计之典范(图1-14:坎波广场)。

同样的手法在南阳武侯祠文化广场设计中也被巧妙运用。2.1 hm² 大小的广场实际上是南阳武侯祠的入口空间,由于南阳、襄阳的诸葛亮归属之争与历史疆域划分高度关联,故而广场采用了一张中国古代三国时期的历史地图作平面。长江、黄河在广场中演变为景观化的"曲水流觞",东海则是一汪水池;卧龙岗西高东低的走势恰似我国宏观地形的缩微,这使从"同祖同源"的圆形水池中流出的长江、黄河之水巧妙地顺势而下;魏、蜀、吴三国的版块由3种不同肌理的石材给予区分,其间用低矮的涌泉点缀出不同的历

17

图 1-14　坎波广场　（维基百科）

史地点,并与来自相应地域的游客产生景观关联互动;广场的中心节点,即
地图的中心位置被赋予给南阳(图 1-15:南阳武侯祠广场鸟瞰)。上述设计
安排使该广场成为一个不可移植复制的典型,体现了因地制宜、量体裁衣手
法所能带来的独特功效。

图 1-15　南阳武侯祠广场鸟瞰　（吴亭 绘）

　　反思当前我国城市广场的建设,光鲜的草坪、大面积机械的板材铺装、
中心雕塑造景、大型喷泉点缀、圆形或方形的几何平面,尤其是千方百计将

土地平整而消除用地高差的处理方式等，使天南海北的城市广场表现得千篇一律。"八股"化的城市广场在不同城市环境中移植与复制，这些均是忽视因地制宜、量体裁衣手法的运用带来的恶果。

三、注重继承、勇于创新

景观创作的核心价值是继承与创新，其一般体现在景观内在的思想与文化、景观设计的造型与手法、景观建造的技术与工艺、景观构筑的材料与产品等各个方面。其中继承一般以文化性为重，而创新的担纲则非高科技、新材料、新技术等造景手段的运用莫属（图 1-16：纽约时代广场的新媒体）。在景观创作中忽视或倾向任何一方面均有失偏颇。

图 1-16 纽约时代广场的新媒体 （佚名：新浪网）

城市广场景观营造是需要继承的。前文所述的"老景当留"即是一种继承方式，同样，对既有手法、工艺、风格、造型、理论的运用、尊重等也是一种继承，这就需要我们有广博的学识、丰富的经验、不断进取的精神给予支撑。像后文所述的乡土石作景观风格的城市广场，其思想来源便是向山石环境丰富的民间的优秀乡土石作学习、借鉴，并继承运用于现代城市广场景观营造的结果。

城市广场景观营造更需要创新，这就要求我们有开明的思想、果敢的勇气、积极的态度，对各式各样的新材料、新技术、新方法、新理论进行学习、掌握并运用。事实上,我国城市广场建设管理者对此是高度重视的。当今我国城市广场中的各种数码灯、新媒体、激光表演、水幕电影、音乐喷泉等的运用便是一种创新的反映。该类创新不仅赋予我国城市广场鲜明的时代特征,也使我国的户外空间建设与发达国家接轨。当然对类似方面的追求是永无止境的。笔者就在巴黎塞纳河中的雷诺岛公园见过一个高科技环保厕所,人们在厕所中排出的尿液经环保处理,便可在一个水龙头处放出来饮用,这使笔者对其景观产生了深刻的印象,尊重环境的理念也油然而生;笔者亦曾在纽约炮台公园看到过一组参数化设计的座椅,其新颖的形式、流动的曲线均给人全新的感受,这便是计算机参数化设计软件推广运用的结果,亦是新设计工具的介入给景观创作带来的创新。创新也可体现在思想观念上,像屈米在巴黎拉维莱特公园设计的一系列红色"疯狂物"——follies,不仅很好地诠释了其"解构主义"的设计理论,这些"疯狂物"给人带来的视觉震撼亦使人耳目一新,并在建筑、景观设计领域掀起一股风潮(图 1-17:拉维莱特公园的 follies)。

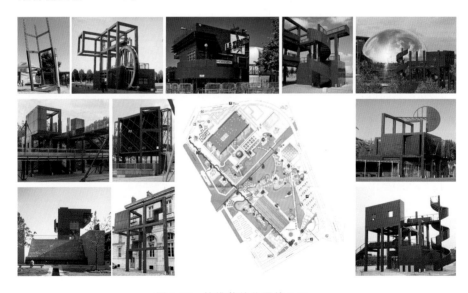

图 1-17　拉维莱特公园的 follies

四、讲理循规、巧妙关联

景观要讲"理"，这个"理"是指道理、心理、伦理与公理[①]。道理方面包括对既有条件、行为心理、历史文化、科学技术、经济实施等方面的尊重、诠释与运用。景观是为人服务的，其设计必须基于人的感受，故而景观设计中的功能与要求大多与人的心理活动有关，这就是景观要尊重心理的方面，环境心理学也成为景观设计中最为重要的基础理论之一。景观也需讲究伦理，反映在景观布局需符合文化经验、尊重习俗，同时也要区分轻重缓急，并形成层次分明的体系；景观更要讲究公理，所谓公理即指景观设计、建造、养护中科学与技术的内涵。景观之"理"在操作层面一般是通过法律、规范的方式界定，这就是讲理循规的内涵。

城市广场景观营造更应巧妙关联，体现在风格关联、形态关联、空间关联、时间关联、内涵关联、主题关联、交通串联等不同的方面。所谓风格关联即是在广场景观表现中采用同一种风格组合，进而达到视觉统一的效果（图1-18：纳沃纳广场和四河喷泉）。而形态关联即广场景观的构形或相互配合、或对比、或相似、或重复，从而使广场形态元素在视觉上产生联系（图1-19：罗马雕塑喷泉广场）。空间关联则体现在广场景观构成的空间围合，景观相互之间的空间呼应，景观依序产生的空间序列，景观轴线连接或相交形成的秩序、广场景观节点与廊道形成主从层次从而构成的空间结构关系等方面。城市广场的景观也可以时间为线索进行联络，不少广场景观便是以不同时代的历史人物为主线进行景观塑造的，这就是广场景观营造的时间关联。而城市广场的景观也可通过同一人物的不同事迹或同一事件的不同侧面给予表现，这可称为景观的内涵关联。当前我国的城市广场建设为寻求特色，一般会赋予一定的诸如科技、生态等方面宏观的主题，以及诸如冶铁、治水等方面微观的主题，这是城市广场景观营造方面的主题关联。另外，任何广场均会以一条游线将不同景观组织起来依序欣赏，这便是广场景观的交通串联。

---

① 该语出自张良皋先生有关"建筑要讲理"的论述。

图 1-18　纳沃纳广场和四河喷泉　（九门胡同 摄）

图 1-19　罗马雕塑喷泉广场　（Hcsuper 摄）

　　所谓"巧妙"，一定存在一些不为常人关注，或不能被人简单认识，或需深入探究才能"发觉"的内涵。而上述不同的景观关联若能多重复合则可谓之"巧妙"，故而景观的巧妙关联需要设计师动更多脑筋、想更多办法才能达成。

第二章 广场工程景观的类型学营造理论

第一节 工程景观学的提出及其体系

笔者于 2008 年提出将风景园林学与道路工程、桥梁工程、市政工程、水利工程甚至电力工程等交叉结合,搭构工程景观学的构想。在华中科技大学相关部门的大力支持下,当年工程景观学的二级学科博士点便得以在土木工程一级学科下自主设立,并开始独立招收博士生。之后,我们曾根据各类工程建设对景观设计的需求确立了 3 个迫切而又典型的交叉发展方向,即桥梁工程景观学、道路工程景观学、水利工程景观学,并以这 3 个方向为抓手,进行研究布局,从而形成立足工程、直面需求、内涵丰富、适宜延伸、层次分明而又视角创新的学科体系(图 2-1:工程景观学体系)。

其中,所谓的"立足工程",意即工程景观学一定是面向土木工程,并以解决随之而来的生态、绿色、低碳以及美观等问题为己任的。而"直面需求"则是指工程景观学是响应社会对各类工程建设的景观需求应运而生的,如对桥梁景观的社会需求促成了桥梁工程景观学,对道路景观的社会需求则形成道路工程景观学等。所谓"适宜延伸",意即工程景观学还有许多可与不同门类的工程结合发展的空间,如至今尚未明确学科归属,而又为社会高度重视的城市亮化工程便可归为"照明工程景观学",而当前政府极力提倡的海绵城市建设则可理解为"雨水工程景观学"等。而"雨水工程景观学"词义所具有的科学合理性,表现在既与现有"雨水工程"学科方向有高度衔接,又通过与"景观学"的连用体现学科交叉与落位,同时还反映工程景观学发展延伸的构造规律等方面,这些均是"海绵城市"以及"低影响开发"(LID)等概念的语意中所缺失的。

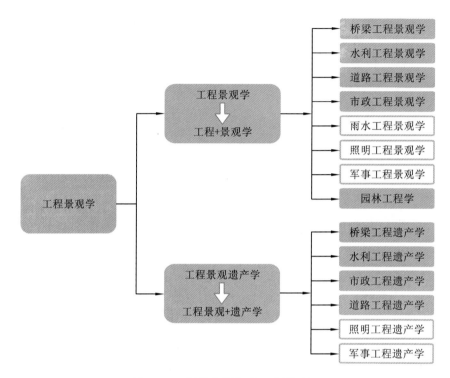

图 2-1　工程景观学体系　（罗雄 绘）

大多数交叉学科定名一般遵循多个学科或学科方向连体叠加的规则，如历史地理学是历史学与地理学的合成，建筑物理学是建筑学与物理学的"联姻"等；而工程景观学及其英译"engneering landscape"则是笔者将"景观工程学"及其英译"landscape engneering"的词序颠倒的产物。犹如"物理化学"是落位于化学，而"化学物理"则属物理学分支一样，"工程景观学"的学科归属无疑是风景园林学。笔者曾通过 SPRINER 等世界著名搜索工具对"engneering landscape"一词进行检索，没有发现该概念作为独立学科而存在的例子。

景观工程学作为风景园林学科的核心构成之一，在该学科领域通常被称为"园林工程学"。词序颠倒使两者在学科内涵方面注定有紧密的联系，但在外延方面却存在很大差异。根据《中国大百科全书》的界定，园林工程学主要面向园林、城市绿地和风景名胜区中除园林建筑工程以外的室外工程,是研究其原理、工程设计和施工养护技艺的学科;其任务是运用工程技术来表现园林艺术,使地面上的工程构筑物与园林景观融为一体①。而工程景观学面向的对象范畴却要大得多,其前缀的"工程"不仅包括桥梁、隧道、公路、水利等,还包括给排水、电力、军事等土木工程,甚至园林工程亦毫不例外地属其体系中的一员。但如此庞杂的土木工程体系定非工程景观学所能驾驭,故而工程景观学一定是聚焦于风景园林学,并依托其园林工程技术与上述各类工程进行结合运用,从而弱化土木工程给环境带来的负面影响,强化土木工程与人类的亲和。当然,这需要我们改造培养体系,并对相关土木工程学科的知识内涵进行结构性补充。

综上所述,笔者试给出工程景观学的定义:所谓工程景观学,是在土木工程规划设计与建设中,能结合运用风景园林艺术与技术来营造和谐的人、工程与环境三者关系的一门学科,属土木工程学科与风景园林学科的交叉。目前,我们已设立的工程景观学研究分支有桥梁工程景观学、道路工程景观学、水利工程景观学、市政工程景观学、照明工程景观学、工程景观遗产学 6个方向,其还可发展延伸的方向有雨水工程景观学、污水工程景观学、岩土工程景观学、军事工程景观学等。故而"工程景观"的构成特点即是"土木工程"+"景观",狭义的工程景观指的是各分支方向本身,如桥梁工程景观、市政工程景观等;而广义的工程景观不仅包括狭义的内涵,还指各分支方向中有外在审美要求的子项工程类别,如广场工程中的铺装工程、艺术墙体工程、小品工程等均属不同类别的工程景观。

在 2016 年的中国风景园林教育大会上,清华大学建筑学院景观系的杨锐教授曾提及本学科的"金刚钻"问题,亦即风景园林学科区别于其他规划设计类专业的独门功夫是什么? 当时大家比较认同的是植物运用,笔者对此深表赞同。但一个学科的"金刚钻"不见得只有一把,窃以为,风景园林学科若还有另一把"金刚钻"的话,那就应是工程景观学。其理由如下。

(1)大量兴建的土木工程是人居生态环境破坏的重要源头之一。与造成的环境破坏相对集中呈现的另一开发行为——采矿相比,土木工程建设

---

① 中国大百科全书总编辑委员会. 中国大百科全书[M]. 北京:中国大百科全书出版社,1988:519.

中的开山、取土、采石、淘沙、筑坝等更具有分散性、规模性和普遍性，也更贴近人类的生活环境。可以说当今"满目疮痍"的国土乱象便有土木工程建设的重要"功劳"。应运而生的工程景观学则是希望将其负面影响缩小一点，在更贴近破坏源头的地方有所控制一点，也使土木工程与人类及环境更亲和一点。这是工程景观学广泛的运用面及其价值所在，也是当今"城市双休"的主体内涵——生态修复之一。

（2）我国建筑设计机构的主导工种为建筑师，城市规划设计机构的主导工种为规划师，但市政、交通工程类设计机构以及其他专业综合类设计院却是"桥归桥、路归路"的一盘散沙，笔者以为这就是工程景观学应寻求的主力担纲方向之一。或许有人会质疑，即使在园林院，其主导工种大多也为建筑师而并非风景园林师，我们是否应先占领此阵地，尔后再图扩展。这促使我们反思，当前风景园林的"金刚钻"是否偏软？我们是否需要一把更硬的"金刚钻"来守护阵地并开疆辟土？而具备一定土木工程知识的工程景观师是否能担当此任，则需要我们尝试。

（3）当今我国地方政府的行政构架中已涌现出一种将"园林"与"市政"合并形成"市政园林局"的趋势；有些地方甚至有将市政园林管理功能与城市户外管理结合，从而形成"城市管理局"的苗头。笔者以为，该职能分划趋势已与工程景观学学科范畴高度吻合。这也促使我们思考，为何不能将政府管理职能与学科划分结合，从而形成"住建局""规划局"与"景观局"的政府职能结构？一旦工程景观学的培养体系建立起来，以及政府职能认定该组织形式，风景园林学科的另一把"金刚钻"将不召自来！这值得风景园林学科领域的相关研究者们深思。

（4）我国风景园林学科的本科办学已有"风景园林规划设计"与"园林"两个专业口径发展的初识，工程景观学能否成为风景园林学的第三个本科专业？毕竟该学科口径可适应当今我国大规模土木工程建设的时代需求，也有解决问题的工程、生态、审美结合的技术手段，结合另一把"植物运用"的"金刚钻"，倘若在风景园林学科培养中，适当构造一定的土、建、环结合的知识内涵，则一个本科层次的人才培养体系即可形成；而"像水一样"衔接人居环境建设各学科的风景园林学也会得以适度"硬化"，从而形成具有我国新时代特色的"金刚钻"！这值得我们探索与期待。

不论以上的拓展与遐思,工程景观学毕竟为我们拓展了风景园林的学科内涵与视野,下面我们将以此为立足点,来探讨其在广场建设中的规划设计方法与运用。

第二节　广场工程景观及其分类与内涵

　　按我国的勘察设计项目分类标准,城市广场属于市政工程范畴。而按市政工程的分部工程构成,城市广场建设主要又由场地工程、铺装工程、照明工程、交通工程、电力管沟工程、绿化工程、景观设施安装工程等至少7类分部工程组成。还有一些分部工程并非每一个广场均会涉及,如结合城市道路的广场便会有道路工程、桥梁工程、排污工程等,而结合城市水系的广场则有河道整治工程、护坡工程、防洪工程等。所有上述分部工程景观的集合可称为广场市政工程景观(以下简称广场工程景观),其概念我们定义为:所谓广场工程景观即是构成广场的上述各分部工程中,对其显性而又外在的、有审美要求的各分部子项工程的集称,并以其显性与外露的子项内涵作为考察对象,研究其整体呈现出的人、环境及工程之间的关系。

　　以广场建设的分部工程为线索考察广场工程景观,我们可归结出一个包含396个小类的清单(表2-1:城市广场工程景观分类)。这些多种多样的分部子项工程本身就是一种景观,并为广场规划设计提供了丰富的素材。

表 2-1　城市广场工程景观分类(秦训英 编制)

景观设施类别	按材料与构造分类	按风格与形式分类	按功能与使用分类
文化墙	乡土石砌文化墙、砖雕文化墙、壁画墙、彩砖墙、蘑菇石墙、复合材料文化墙、木雕文化墙、干挂浮雕文化墙、植物扎景文化墙;立式文化墙、半卧式文化墙等	阴雕文化墙、阳雕文化墙;中式风格文化墙、西式风格文化墙;穹窿彩画、藻井天花、壁龛	照壁、影壁、玄关、漏窗、石敢当、导向墙、景观墙、碑廊

续表

景观设施类别	按材料与构造分类	按风格与形式分类	按功能与使用分类
植物造景	乔木、灌木、藤本、竹类、花卉、草本、水生植物；扎景、盆栽、桩景	规则式、自然式、混合式、整形式；枯景；孤植、对植、丛植、群植、列植、林植；主景、对景、借景、背景、框景；花田	绿篱、绿墙、树池、花坛、种植器、阳光草坪、疏林、密林、林荫道、生态林、树阵
盆栽	古桩盆景、花卉盆景、山水盆景、垂吊盆景、大盆栽、小盆栽、水景盆栽、挂壁盆栽、花草盆栽、树木盆栽	自然式、整形式；水盆型、旱盆型、水旱型；观果式、观花式、观叶式；微型盆栽、异型盆栽；组合花坛、立体花坛	路障式、导引式、点景式、群景式、花篮式、垂吊式、风水式
掇山	太湖石掇山、斧劈石掇山、千层石掇山、黄石掇山、龟纹石掇山、黄蜡石掇山	孤赏式、群峰式、独山式、峭壁式、散点式、驳岸式、洞穴式；山石瀑布；峰、峦、顶、岭、谷、洞、涧、矶、池、溪；瘦、镂、皱、透	镇山、假山、景山、对山、望山、案山
置石	太湖石、斧劈石、千层石、黄石、龟纹石、黄蜡石、灵璧石、卵石	特置式、孤置式、对置式、群置式、器物式；峭壁石、散点石	孤赏石、山石器设、驳岸石、假山、碑文石
水景	点状水景、线状（带状）水景；湖泊、溪流、喷泉、瀑布、水幕墙、莲池、水渠	自然式、规则式、泳池式、装饰式、互动式、跌落式、流动式、静态式	戏水池、游泳池、垂钓池、温泉池、漂流溪、沙滩、倒影池、湿地、码头、船景、鱼池、壁泉

续表

景观设施类别	按材料与构造分类	按风格与形式分类	按功能与使用分类
灯具	汞灯、金属卤化物灯、荧光灯、白炽灯、激光灯、LED 数码灯、灯箱、霓虹灯、水晶灯	带状灯、点状灯、造型灯、花灯、彩灯、变色灯、投光灯、频闪灯	草坪灯、广场灯、景观灯、庭院灯、射灯、地灯、水下灯、灯塔、感应灯、路灯、指示灯、喷泉水池灯
夜景	泛光照明、轮廓照明、内透光、激光表演、空中玫瑰、LED 彩带、影视幕墙、光导纤维	亮点、亮带、亮化分区	交通照明、景观照明、环境照明、智能照明、指示照明、宗教象征照明、影视交互照明、喷泉灯光表演
标识	顶置式、地置式、壁置式、悬吊式；移动式、固定式、电子互动式；原木式、石物式、金属式、复合式；预制装配式、壁面固定式、悬挂式	现代式、传统式、乡土式、欧式；依附式、独立式；自发光式、受光式	导游标识、地图、布告、路标、环境指示牌、路名指示、交通指示、安全警示、商业宣传牌
广告	影视墙、移动广告、报纸广告、杂志广告、广播广告、电视广告、网络广告、招贴广告	单篇广告、系列广告、集中型广告、反复广告、营销广告、说服广告	告知广告、促销广告、形象广告、建议广告、公益广告、路牌广告
步道	木栈道、碎石路、混凝土路、行道砖路、沥青路、土路、透水砖路、水磨石路、水刷石路、石板路、操场跑道、卵石路面	园林游步道、艺术路面、庭院路、梯道、拼花路面、碎拼路面、高架步道、下穿步道、印花路面	按摩路面、礓磋路面、残疾人坡道、盲道、斑马线、无障碍通道、应急步道、穿越步道、人行天桥

续表

景观设施类别	按材料与构造分类	按风格与形式分类	按功能与使用分类
铺装	块材铺装、混凝土铺装、花砖铺装、天然石铺装、卵石铺装、草皮铺装、透水砖铺装、植草砖铺装	规则式铺装、自然式铺装、图案式铺装	沥青材料铺装、沥青防尘处理铺装、块料铺装
报亭	木亭、竹亭、石亭、茅草亭;混合材料(结构)复合亭	正多边形亭、长方形亭、仿生形亭、多功能复合式亭	传统亭、现代亭、纪念亭、碑亭、站亭、路亭、廊亭、桥亭、楼台水亭、多功能组合亭
舞台	玻璃舞台、木质舞台、石质舞台	镜框式舞台、伸展式舞台、圆环型舞台、旋转型舞台、波动舞台、鼓桶式转台	伸缩舞台、旋转舞台、升降舞台
景观建筑	木屋、竹楼、树屋、钢构小筑、茅屋、土屋、石板屋	亭、台、楼、阁、榭、舫、廊、桥、光塔、西洋亭、水法、拱廊、券廊	花架、葡萄架、亭子、走廊、门楼、平台、假山水池、喷泉水景、草坪、甬路、木地板、栅栏
路障	石墩、石柱、车挡、缆柱、护栏、护柱、路墩、分隔绿化带、沟渠、标志牌	固定路障、活动路障(即可升降路障)	强制性拦阻、强制性分离、强制性减缓和警告性阻止

广场工程景观虽然服务功能迥异、形态千差万别,但总体上又呈现出艺术观赏性、小尺度组合性、功能差异性、工程景观性及丰富多样性5个方面的共性特点。

广场工程景观无论大小,均应满足艺术观赏性要求,对各类工程景观的风格、形式、形态、构成、纹样、材质、内涵等用符合审美效果的材料、造型等组织与设计便是达成艺术观赏性的关键。其中的统一性、韵律、节奏、均衡、对比等形式美的构成原则是价值判断的基本要求，而有关场所感、导向、暗示、隐喻、领域等方面的环境心理学或环境行为学内涵则是其合理性判断的重要依据。

广场工程景观除景观设施类的雕塑、小品等是有相对的独立性要求之外，绝大多数工程景观是由诸如铺装块材、分格、图案、色彩、栏杆、坐凳、灯具、标牌甚至车挡等组成的。这些工程景观大多可分解为小尺度的构成单位，模块化组织、规模性重复运用等是关键。工程景观设计实际上便是将这些小构件通过统一的风格与手法，用符合图案美学的方式进行组合，从而使之迸发出合力来展现景观的整体效果。这便是各类工程景观具有的小尺度组合特点。反思当代风景园林教育中对大尺度景观的偏爱，使很多院校学生忽视小尺度景观的营造，培养出大批"牛眼睛"设计师，对反映景观作品艺术魅力的方面缺乏敏感，好夸夸其谈而动手能力不足。殊不知经济、商业、管理学科的真谛"细节决定成败"对风景园林规划设计是同等重要的。

广场工程景观的花样繁多，其功能也千差万别。如灯具是为夜晚活动照明之用，标牌为场所环境的识别指引服务，栏杆为行为安全服务，铺装为大尺度场地的安全卫生服务等。这便构成广场工程景观的功能差异性特点与丰富多样性特点。

对于能独立发挥艺术审美功效的工程景观集合我们也可称之为景点，在城市广场规划设计中，我们一般会通过尺度、规模、空间地位、材料等方法营造视觉体验中的轻重以形成层级，从而构建出符合艺术审美规律的景观系统。

对于不能独立发挥艺术审美功效的工程景观，如地砖、挡土墙等，则需运用一些图形美学的方法进行单元或图案的组织，笔者亦曾提出过一种城市景观设施的系统识别方法，即城市 CI 方法，用该方法进行组织，从而发挥众多"弱小"工程景观的合力，为城市广场景观整体氛围的营造服务。

第三节　广场工程景观及其类型学规划设计方法

一、广场工程景观分类体系的简符与代码

立足风景园林领域关注户外空间中人与环境关系的视角,我们可针对设施的不同服务对象对设施进行归类区分,如司乘人员服务设施、步行者服务设施、骑行者服务设施、残疾人服务设施、城市其他功能服务设施等。风景园林学关注的应为其中的步行者、骑行者、残疾人这较为弱势的 3 类,故而我们可将表 2-1 中主要为上述 3 者提供服务功能的工程景观设施独立出来,组构所谓的"城市家具"门类。在此门类中,我们可根据弱势群体的交通需求、信息需求及设施的便民服务、安全防护、小品装饰等使用功能进行细分,从而形成由 5 个大类、54 个小类组成的城市家具分类体系(表 2-2:城市家具分类体系及其简符、代码表);而表 2-1 中剩余的设施则可归并至交通工程、市政工程这两大领域的规划设计、建设与管理体系中。

表 2-2　城市家具分类体系及其简符、代码表　(秦珊珊、刘书婷 编绘)

大类	小类			
	简符、名称(代码)	兼容	简符、名称(代码)	兼容
交通服务设施(J)	人行道护栏(RL)	—	机动车充电站(JD)	△
	盲道(MD)		车挡(CD)	—
	缘石坡道(YS)		分行花坛(FX)	
	非机动车停靠(FJ)	△	停车场(TC)	△◎
	人行道桩(RZ)	—	系船桩(XC)	—
	公交站台(JT)	△	计时收费器(JS)	△
	可　续　编			

续表

大类	小　类			
	简符、名称(代码)	兼容	简符、名称(代码)	兼容
信息服务设施(X)	导向牌(DX)	△◎	横幅(HF)	—
	信息栏(亭)(XX)	△◎	布幕海报(MB)	—
	绿道指示牌(ZS)	—	电子信息牌(DZ)	△◎
	展示橱窗(ZC)	◎	广告设施(GG)	◎
	路牌(LP)	△◎	单位名牌(DW)	—
	出租车临时停靠招牌(YZ)	△	公交站牌(ZP)	△
	可　续　编			
便民服务设施(B)	公共厕所(GC)	△◎	自动贩卖机(FM)	△
	公共饮水(GY)	△◎	公共座椅(ZY)	△◎
	茶座(CZ)	△◎	人行照明(ZM)	◎
	报刊亭(PK)	—	电话亭(DH)	△
	垃圾箱(JX)	△◎	健身娱乐(JY)	△
	邮政信箱(YX)	△	公共服务亭(FW)	△◎
	可　续　编			
安全防护设施(A)	空调罩(KT)	—	治安岗亭(ZA)	◎
	台阶、坡道(TJ)	△◎	消防栓(XF)	—
	安全围挡(WD)	◎	防盗网(FD)	—
	防护网(FH)	—	电子监控(DK)	◎
	可　续　编			

续表

大类	小类				
	简符、名称(代码)	兼容	简符、名称(代码)	兼容	
小品设施(P)	种植池(HT)	—	艺术小品(YP)	—	
	廊架(LJ)	—	设施地景(SJ)	—	
	喷泉水景(PS)	—	艺术景观灯(YD)	◎	
	迷你绿地(ML)	△◎	装饰井盖(ZJ)	—	
	雕塑(DS)	—	活动景观(HJ)	—	
	可续编				

注：①(X)为大类设施代码,(XX)为小类设施代码,其命名规则见下文；

　　② △表示兼容无障碍功能,规划表达时用红色,如兼容无障碍功能的公共厕所则用 ▮▮ ；◎表示兼容绿道功能,规划表达时用绿色,如有在绿道上设置的公共厕所则用 ▮▮ ；蓝色简符代表普通人使用的设施。

二、类型学规划设计方法的引入

　　种类繁多的城市家具在城市户外空间中的布局与运用,需要一种科学合理的方法,而当前广泛运用于工程建设领域的标准图分类索引式设计方法及历史街区的类型学规划设计方法给予了我们极大的启示。像建筑标准设计即将建筑构配件与制品、建筑设施与装置、室内外装饰与装修、建造工艺与构造等行业领域成熟与稳定的内涵分门别类地进行汇编,从而为建筑工程设计、施工、监理及业主方的监管提供了统一的标准和规范①②。这对同样具有众多门类、形式丰富多彩的微观层次的城市家具的设计、建造、监理、监管体系的建立是极富参考价值的。而历史街区的类型学规划设计方法则

①　中国建筑标准设计研究院. 国家建筑标准设计[J]. 建设科技,2011(18):24-29.

②　李跃. 中南地区建筑标准设计编制管理浅析[J]. 中国住宅设施,2010(4):46-48.

是以街道空间、建筑布局、建筑细部 3 大层次类别为框架①，采集一定时空背景下的历史街区标本性案例进行汇编，并成为在尺度、形制、规格、风格等方面均可供模仿、参照或借鉴的基本原型，从而使相应地理范畴的历史街区的修复、扩展与新建等规划建设具有风貌高度统一的效果②③④。城市家具也是有风貌特色要求的，而历史街区类型学规划设计方法的这种相同属性类比延伸的思想无疑对如何设置规划标准化的城市家具以产生特色组合效应是有借鉴意义的。当然我们还看重的一点是其菜单式的分类索引、标注式的规划表述所产生的宏观层次的方法论示范价值。两者均以分类汇编为基础，若进行结合便构成既有微观建造又有宏观控制特点的城市家具设置规划思想框架（图 2-2：城市家具类型学规划技术路径）。我们在珠海城市家具设置规划中便尝试运用了该编制思路，下面结合其技术路径给予简介。

（一）分类及其简符、代码体系的建立

以前文划定的城市家具的 5 个大类、54 种小类清单为依据进行简符与代码设定。由简洁明了的图案构成的简符是城市家具设置总体规划与控制性详细规划的重要表达手段，其设定规则详见表注。而代码则是修建性详细规划表现的重要语言，其设定的规则为：①以关键词组首字的拼音首字母作为大类代码，首字母雷同则以第二个字的拼音首字母替代；②选取关键词组的两个拼音首字母组合作为小类代码。

（二）以风格为主线的分类图集编制

为避免标准化的城市家具设置规划导致新的千篇一律，亦是考虑各地实施管理机构对城市家具系统特色营造的高度要求，故以"风格"为主线来主导各小类的编排，确定的 4 种风格及其代码为中式（Z）、欧式（O）、现代式（X）、地域式（D）。利用互联网收集不同门类与规格的城市家具产品，并依风

① 阮仪三，刘浩. 苏州平江历史街区保护规划的战略思想及理论探索[J]. 规划师，1999(1)：47-53.

② 李志刚. 历史街区规划设计方法研究[J]. 新建筑，2003(S1)：29-32.

③ 周俭，陈亚斌. 类型学思路在历史街区保护与更新中的运用——以上海老城厢方浜中路街区城市设计为例[J]. 城市规划学刊，2007(1)：61-65.

④ 何依，邓巍. 太原市南华门历史街区肌理的原型、演化与类型识别[J]. 城市规划学刊，2014(3)：97-103.

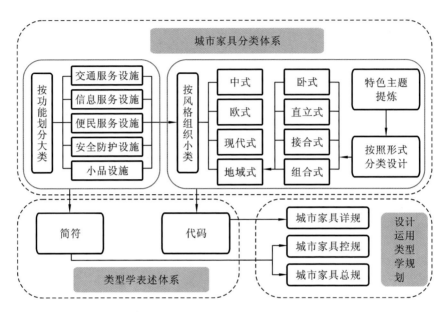

图 2-2　城市家具类型学规划技术路径　（秦珊珊 绘制）

格"对号入座"，以此形成由 54 种小类总览构成的《城市家具分类图集》（以下简称《图集》），作为规划可资引用的基础资料。其编排格式方面，我们仅以信息服务设施大类的导向牌小类总览为例（表 2-3：导向牌（X-DX）总览）给予展现。其中的地域式风格内涵则是以我们借鉴相关规划研究提出的"梦、忆、翔、恋、归"5 种地域特色主题为依据，进行专门设计并汇编的结果。

表 2-3　导向牌(X-DX)总览　（秦珊珊 编制）

		导向牌(X-DX)					
中式(Z)	代码	X-DX(Z)-01	X-DX(Z)-02	X-DX(Z)-03	X-DX(Z)-04	X-DX(Z)-05	X-DX(Z)-n
	略图						可续编
	尺寸/mm	长：3000 宽：500 高：3000	长：810 宽：510 高：2000	长：4810 宽：8510 高：2300	长：910 宽：200 高：1580	长：1350 宽：100 高：2000	

续表

导向牌（X-DX）						
欧式（O）	代码	X-DX(O)-01	X-DX(O)-02	X-DX(O)-03	X-DX(O)-04	X-DX(O)-05	X-DX(O)-n
	略图						可续编
	尺寸/mm	长：820 宽：830 高：2250	长：720 宽：730 高：2350	长：1200 宽：300 高：2100	长：800 宽：100 高：1600	长：700 宽：90 高：2100	
现代式（X）	代码	X-DX(X)-01	X-DX(X)-02	X-DX(X)-03	X-DX(X)-04	X-DX(X)-05	X-DX(X)-n
	略图						可续编
	尺寸/mm	长：565 宽：450 高：5100	长：800 宽：300 高：2200	长：800 宽：200 高：2000	长：645 宽：70 高：2500	长：600 宽：600 高：2100	
地域式（D）	代码	X-DX(D)-01	X-DX(D)-02	X-DX(D)-03	X-DX(D)-04	X-DX(D)-05	X-DX(D)-n
	主题	梦—生态	忆—财富	翔—科技	恋—人文	归—回归	可续编
	元素略图						
	主色调	海洋蓝	月光黄	天空蓝	玫瑰红	青藤绿	
	主要材质	木材、钢材	石材、木材	亚克力、工程塑料	竹材、石材、木材	金属板、钢化玻璃	
	特色	尊敬与热爱海洋；和谐安详的幸福感	展望美好未来；炫目时尚的现代感	高新产业发展；变幻莫测的科技感	珠海渔女精神；海枯石烂的艺术感	彰显门户地位；简洁大方的庄重感	

三、类型学规划设计方法的应用

（一）总体规划与控制性详细规划层次的运用举证

对于法定性的城市家具设置总体规划与控制性详细规划，可以 5 个大类为纲，结合各分区或路段进行专项编制，凸显的是专类城市家具设置的种类与配置等宏观问题，而风格特色定位则可在条文与说明书中用文字明确说明。图 2-3 便是珠海市城市家具设置规划中的迎宾南路区段城市家具布局总图，仅以此为例说明其基于类型学的宏观规划表达方法。

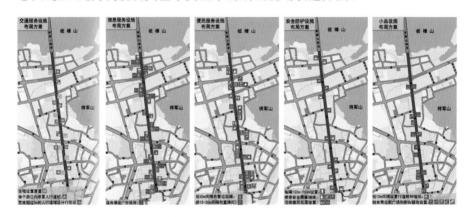

图 2-3　珠海市迎宾南路城市家具分类布局总图　（秦珊珊 编绘）

（二）详细规划层次的运用举证

对于非法定性的详细规划，则在上位规划的指导下，依据图集进行选型与布置，并以小类代码为识别依据进行索引式标注落实。凸显的是城市家具设置的小类风格、规格、布置与美观等细节问题。图 2-4 便是珠海市城市家具设置规划中的迎宾南路 20 m 长标准段城市家具详细规划布置总图，仅以此为例说明其基于类型学的微观规划表述方法。

（《珠海市城市家具设置规划》的编制单位为珠海市城市规划设计研究院、华中科技大学建筑与城市规划学院景观学系和设计学系，本节编写得到秦珊珊、辛艺峰、海洋、梁满和、梁晓、刘书婷等的协助与支持，在此一并致谢。）

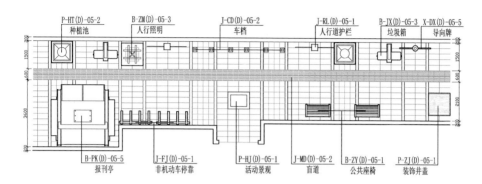

图 2-4　迎宾南路标准段城市家具详细规划布置总图　（秦珊珊 编绘）

第四节　城市广场的一种互动式新景观
——数码音体舞台与音乐路

在城市广场或主题公园的关键位置应布局亮点景观，像音乐喷泉、水幕电影、声电感应装置或是具有文化象征意义的雕塑等。这种亮点景观是总体景观的核心，可宣示城市的时代性、文化性等特征。数码音体舞台及音乐路便是应用数码音源及控制技术，以具有可参与性的音体互动为特征的新型工程景观。其集休闲娱乐、运动健身、音乐欣赏为一体，不仅为广场提供具有景观异质性的内核，且还可作为一种崭新的广场舞表演平台。下面我们从其系统工作原理、景观设计的功能与技术配合及使用中的人体工程学测定等方面，结合设计案例给予介绍。

一、功能及原理简述

数码音体舞台是用广场铺装材料（像花岗石、大理石、广场砖等）镶嵌在地面上形成的一架大型键盘式乐器。每一块面砖（或石块）对应一个标准音符，游人可在其上跳奏音乐，音符伴随着舞姿划出。在同一广场中可布置多组数码音体舞台，且可赋予不同的音色。

音乐路与通常的小径无异，只不过每块步石均对应一拍音符，从头走到尾就能踏出一首完整的乐曲。其曲目和音色均可控制，以适应不同创意和氛围的主题环境。多条音乐路通过不同的音色及和声设置，会汇聚出层次丰富的音乐交响效果。

室外数码音体舞台及音乐路的系统工作原理为：音符信号采集（传感器）→信号处理（处理器）→数码音源处理系统（音源解析）→音响系统（放大输出）。其中包含传感、单片机控制和数码音源 3 种关键技术的组合。其电路原理见图 2-5，其中的补偿电路是为抗外部干扰所设。

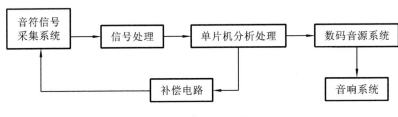

图 2-5　电路原理框图

数码音体舞台及音乐路的基本系统以单片机处理器为核心，经触发信号、曲目设定、音色设定等操作之后，输入的信息由单片机处理分别作曲目显示，并控制数码音源的输出处理。其基本系统技术性能指标如下。

（1）基本步数：音乐路基本步数为 72 步，数码音体舞台基本键数为 36 块。可以 8 为倍数扩展。

（2）音色：36 种。

（3）音乐路曲目：预置 30 首乐曲（可更换）。

（4）环境温度：-20～70 ℃。

（5）允许环境湿度：95% 以上。

（6）电源：（380/220±10 V）AC/50 Hz。

（7）音乐响度：20～98 dB。

（8）音域半径：5～12 m。

二、系统布置与土建配合

根据系统设备情况，其土建构成可分为 4 部分，即音符单元、数流槽、工作井、中心控制室。它们的流程关系如图 2-6 所示。下面逐一介绍。

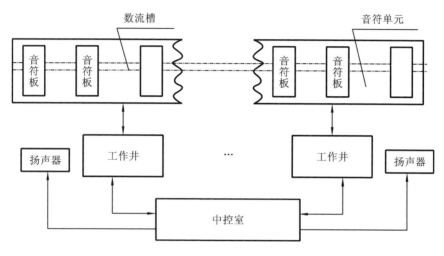

图 2-6　系统平面布置图

（一）音符单元

一定数量的音符板组成一个音符单元,室外数码音体互动舞台及音乐路便是由若干音符单元组合而成的。对于数码音体互动舞台,一般安排 3 个八度的音域,每个八度为 7 个音阶另加 5 个半音阶,共 12 块音符板,3 个八度则有 36 块音符板。音符单元数量的确定可用下面的公式推知:

$$N = M/8$$

（其中,N 为音符单元数量,是自然整数;M 为不小于音符板数的 8 的整倍数,如 8、16、32、40……）

音乐路的音符板数理论上可不受限制,但从经济角度考虑,以走完全程演奏出一首中等长度的曲目为宜,即 24 小节。常规按 72 步设置,可表现 4/4、3/4、2/4 节拍的各类曲目。根据上述规律安排音符板数量,则能满足大多数中等长度的曲目要求,且经济、节约。当然音符板数若超出上述要求,则曲目的选择余地更大。演奏的节奏则与人行进的速度及均匀度有关。

（二）工作井

每一音符单元均应在音符板附近设置一个工作井。工作井的作用有三:一是作通信线路检修之用;二是作信号采集转换设备的安放空间;三是作为音符板器件防盗连锁设施的总开关。

工作井内的净空尺寸不小于 40 cm×40 cm,深度不小于 50 cm。内部设备虽有一定的防水机能,但应防浸泡,因此应做好排水疏浚工程。

由于工作井内设施与音符板的通信属微电路传输,为防止信号衰竭,其距离不宜太远。井与音符单元的中心距离不大于 2 m,与最远端音符板的距离不大于 5 m。井盖板可与周边场地用材协调一致,井位也可在符合上述原则的情况下,利用周边灌木或其他场地设施给予隐藏。

(三)数流槽

数流槽是音符板下的槽形空间。其作用有敷设音符板传感线路、防水排渍、防静电干扰、防尘、方便维修等。每个音符板下的数流槽须贯通,并与工作井之间有管道连通。各音符单元之间的数流槽宜贯通,以保持排水的连贯。

数流槽内的基本净空尺寸为 20 cm×8 cm,该尺寸考虑了音符板的施工安装与通信线路敷设等要求。下部的排水空间在保持 10 cm 宽度的情况下深度不限(图 2-7:数流槽构造)。

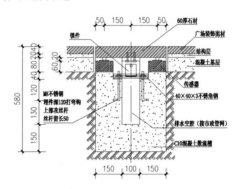

图 2-7 数流槽构造 (万敏 绘)

(四)中心控制室

中心控制室的基本空间不小于 6 m²。其与数码音体舞台及音乐路的距离不作要求,但以能目视两者为宜,以便于工作人员调测。数码音体舞台的中心控制室还应防止观演群体对工作人员视线的遮挡,以便在演艺人员表演时操纵控制并变换音色。

中心控制室内应安排两件控制柜,强电、弱电各一。柜体平面外框尺寸为 80 cm×60 cm,高 1.5 m。另安置 60 cm×120 cm 的控制台一张,其操作面处应有窗户与目标相对。

（五）音响设备

对于脚奏音体互动舞台其音响需两套系统:一套为大功率的广场音响,主要为有组织的群体表演服务;另一套为自娱自奏的小功率音响。小功率音响应安排于音符板附近,其音量以不干扰相邻表演区为准。按功率为 8 W 的小功率音响的干扰测定,两个表演区的边距以不小于 5 m 为宜。

对于音乐路,其音响系统采用小功率喇叭,按 8 m 一个设置即可。

三、使用中的人体工程学研究

音乐路中的每块音符板的宽度可依路宽而定,其步幅以 50 cm 为宜。该尺寸是综合正常成人、小孩、老人漫步的平均步幅而得来的。各年龄段的人其漫步步幅见表 2-4。一首由 72 个节拍组成的中等长度曲目,其音乐路的长度为 36 m,人的漫步速度按 0.6 m/s 计算,则走完全程需 60 s。

表 2-4　音乐路的设计步幅

设计中所取步幅	成人步幅	老人步幅	少儿步幅
50 cm	60 cm	50 cm	30～40 cm

数码音体舞台音符板的板宽计算较音乐路复杂。其确定依据有两点:一是常规乐曲中相邻两个音的最大变化;二是普通人横向跨步的距离。乐曲中相邻两个音的最大变化一般不超过一个八度,我们按一个八度取值。普通成人横向跨步的舒适距离为 80 cm,在跨越一个八度时我们设一踮步(即踏空),则一个八度的空间距离可达 1.6 m,平均分配至 8 个音阶,即每个音符板的间距为 20 cm。该值可定为音符板的推荐宽度。该尺寸对 12 cm 宽的足踝有一定富裕与缓冲。针对儿童的音符板,其板宽可小一些,按 10～16 cm 取值即可。

数码音体舞台的音符板布局有 3 种形式,即直列式、圆弧式、波浪式,3 种方式各有其优劣。像直列式,人的肢体动作大,容易疲劳,但能较好地展示音乐与体能的互动;圆弧式由于不同步宽依同心圆分布,因此适合各种不同年龄阶层的人活动;波浪式步幅较为紧凑,且人的姿态因有前后、左右运动的配合而具有舞蹈特点等。其面层材料可为花岗石、大理石或广场砖等任何建筑地面用材。传感器板置于音符板(地面饰材)之下,当人踏上某一块音符板时,传感器发出音符触发信息,当人离开该音符板时,传感器发出音符中止信息。

四、设计案例

该案例为由 16 组数码音体舞台及 2 条音乐路所构成的音体互动广场。广场总用地面积为 5000 m²(图 2-8:数码音体舞台广场设计)。

图 2-8 数码音体舞台广场设计

广场功能区分为三大部分:一为中心舞台,共由 3 组 3 个八度的数码音体舞台组成,这是有组织的观演活动的中心;二为互动表演区,该区主要用于观众参与及小型观演,当有组织的观演活动开展时,该区也可配合中心舞台作不同音色器乐的伴奏;三为观演区,这是一个相对集中的观演场地。

16 组数码音体舞台可预设不同音色。如中心舞台的 3 组可为簧片组,邻近的周边为弦乐组，其余可为木管、铜管和电声等。这样的音色配合可与大型交响乐队媲美。为使数码音体舞台能演奏出音域更为宽广的曲目，中心舞台采用 5 个八度的音阶配置为最佳。

　　每组数码音体舞台之间均留有一定距离，以作为自娱自奏时，避免相互之间声音干扰的缓冲空间。数码音体舞台的平面形式也可与周边环境配合，以体现景观布局的自然、有机。散状的数码音体舞台与中心舞台还要有一定呼应，以便有组织的观演活动开展时演员之间的配合。

　　（本节内容的技术设计者为武汉凯迪尔科技教育有限公司李莉总工程师，案例设计者为李在民。）

第三章 广场工程景观的视觉识别营造理论

第一节 广场工程景观的形象识别系统——城市 CI 方法介绍

广场工程景观是由众多微小的、显性的、外在的材料与设施组成的,如何发挥其景观合力而见微知著,城市 CI 方法便有独到之处。

一、城市 CI 的缘起与发展

"CI"也称"CIS"(corporate identity system),意为"企业形象识别系统"。该概念于 1905 年由德意志制造联盟的贝伦斯率先发轫;1955 年,IBM 公司导入 CI,一举成为计算机业的"蓝巨人";20 世纪 70 年代末,CI 落足日本;20 世纪 80 年代末传入中国。

CI 的主要含义是指将企业文化与经营理念统一设计,利用整体表现体系,传达企业营销概念给公众,使公众对企业产生一致的认同,以形成良好的企业形象,最终促进企业产品或服务的销售。CI 有 MI(理念识别——mind identity)、BI(行为识别——behaviour identity)、VI(视觉识别——visual identity)3 大组成。狭义的 CI 即指 VI,它以各种视觉传播为媒介,将企业活动的规范等抽象的语意转换为标志、标准字、标准色等视觉符号,以塑造企业独特的视觉形象。在 CI 中,视觉识别系统设计是最有传播感染力的,也易为公众所接受,且具有新奇和整体等特点。CI 发展至今,已形成了完备的理论与实践体系,并有许多成功的范例[1]。

---

① 符远. 现代标志设计与 CIS 设计[M]. 广州:华南理工大学出版社,2000:47-55.

1995 年，在长沙举行的首届中国 CI 战略高级研讨会上，"城市 CI"，即城市形象工程战略的概念由经济学者孟宪忠、CI 学者贺懋华两位提出。我国 CI 战略倡导者钟健夫将 CI 概念广延开来，提出 CI 之"C"，不只是企业"corporate"，同时也代表国家"country"、城市"city"、公共场所"community"。由此，CI 理论开始介入城市领域。

　　为推进城市 CI 战略，1999 年 7 月，由中国社会经济决策咨询中心、中国市长协会、中国城市发展研究会等 14 家单位及组织联合倡议发起了"中国城市形象工程"，旨在确定中国城市形象工程建设的理论研究体系和操作模式。大会宣布成立"中国城市形象工程推进委员会"，并制定了城市形象工程的操作实施纲领。此后的城市 CI 逐渐由关注城市物质环境而向关注城市投资环境和生态环境方向发展，其传播的受众也由国内而向国外延伸；其触角则由企业扩大至城市市容环境，以致城市整体，包括环保、旅游、规划、窗口服务、对外经贸、信息产业及高新技术产业等的软硬环境方面。至今，城市 CI 已成为指导和帮助各级城市政府做好对外宣传、改善市民的生活条件、提高市民的生活质量、完善城市基础设施、优化市容环境、稳定城市秩序、扩大城市的知名度及美誉度、塑造中国城市国际形象的重要手段与工具。

　　近三十年来，我国在实施城市现代化更新与改造中有相当力度的投入，很多城市均在创造有特色城市方面作出过不少探索与努力，但城市面貌在焕然一新的同时，也带来了新的千城一面的问题。个中原因很复杂，但我国现行城市规划体系过于注重城市的物质性与功利性，而忽视这些物质与功利要素的美学组合应为其因之一。我们将 CI 理论导入城市设计，即是想弥补此不足。城市 CI 正是利用 CI 系统的理论、方法与城市设计结合，实现城市景观和艺术设计学科的边缘交叉。

　　城市 CI 是将 CI 的一整套方法与理论嫁接于城市景观的规划设计中，全称为城市形象识别系统。城市广场作为城市景观中的精华与城市空间的核心，故而也是城市 CI 重要的表现领域。

　　城市的总体形象，是人们对城市的综合印象和观感，是人们对城市价值评判标准中各类要素，如自然、人文、经济等形成的综合性的特定共识。自然环境因素如城市的气候、地质、地貌、水文等；城市人文因素如民族、民俗、政治、宗教、文化、军事等；城市经济因素如人口规模、产业构成、经济布局等。所有这些因素的突出点均可成为影响总体形象的核心。城市CI既要在这些因素中提取关键要素，并用工程图式的语汇来表述，还要在城市设计中针对各种工程景观构成要素进行统筹安排。这里所说的图式语汇即为城市视觉识别系统。

城市视觉识别系统是一个城市静态的识别符号，是城市形象设计的外在硬件部分，也是城市形象设计最直观的表现，它来之于城市又作用于城市。这种有组织的、系统化的视觉方案是对城市的精神文明与物质文明的高度概括。通过对城市CI的研究，凸显城市独特的社会文化环境，提高知名度，从而为经济发展提供良好的外部支撑。可以说，整体提升城市形象将创造城市的发展优势，并利于城市现代化、国际化的进程。

城市CI虽由CI嫁接而来，两者之间还是存在一定差异的。表现为行为主体与行为对象的不同、理念抽取范围的不同、作用对象的不同、实施范围大小的不同。城市CI的行为对象是城市中的人，而CI的行为对象是企业的员工。城市CI的行为主体是城市，而CI的行为主体是企业。CI的属性提取强调企业性格及经营策略，有功利目的；城市CI则强调城市性格与城市发展战略，属公益目的。城市的构成错综复杂，包含政治、历史、宗教、经济、文化、景观等多种门类，并有很强的综合性；企业的构成则较为单一。城市占据的空间较之企业要更为广阔，其规模也远比企业大。这些均为两者间的不同。

城市CI源自CI，因而也具备很多共性。其一，两者的方法论相同，CI是对企业进行的整体包装，而城市CI则是对城市的整体包装。两者就方法论而言均是概念的图式化与形象化的结果。其二，两者的概念内涵一脉相承，如形象设计、行为对象、CI设计、理念等。其三，两者均强调视觉的传媒效应，因而二者均是以人为本，并致力于主体与行为对象之间的信息传递与反馈的。

本书所提的城市CI即是对此大背景的专业呼应，也是以城市物质景观层次为抓手，进行包括城市广场在内的城市景观规划设计，尤其是市政工程景观规划设计的一种新方法。

二、城市 CI 的层次

城市 CI 是 CI 理论与城市规划设计理论的结合与衍生。狭义的城市 CI 即城市视觉识别系统(类似 CI 中的 VI),主要处理城市的公共界面,如廊道、节点、边界、竖向空间等城市景观。这种景观大可及城市,小可至建筑或软硬质的工程景观。狭义的城市 CI 对城市总体形象营造有战术意义。而广义的城市 CI,除囊括上述狭义内涵外,还注重对城市各类要素所形成的总体概念——城市理念的发掘与提炼。城市理念是一个城市追求和奋斗的目标,也是城市精神与物质文明建设的总体反映,因此广义的城市 CI 对城市总体形象营造具有战略意义。

对城市 CI 的认识与组织可依 3 个层次开展,即理念层次、实态层次、景观层次。该 3 个层次体现了城市形象认知中精神与物质的关系,也反映了理想与现实的联系,同时还体现了城市形象从广义到狭义的过程。

城市理念也是城市管理、发展的观念,它属于思想、意识范畴,包括城市文化、道德观念、伦理等方面的内容。具有统一性、个性的城市理念是城市景观特色的重要体现。统一性是指城市里外、上下的理念都一致,以强化识别;个性则是以有特色的理念达成识别目标。因此,城市理念的提炼在突出地域特色的同时还需完整统一。

城市实态,就是城市自然、社会、历史、科学、教育、经济等的状况。这些状况是形成城市既有形象的基础,是塑造城市形象的宝贵资源,也是城市形象的自然或历史恩赐。城市实态较城市理念更为具体,在城市形象塑造中,与城市理念有良好结合的实态是打造城市"品牌"的基础,故而具有突出特征的实态也是把握城市理念的关键。

城市景观是城市中一切物质与文化的物象形式,属视觉识别的 VI 层次。包括城市中的建筑、街道、历史街区、河流、山体、绿化、亮化、雕塑、标志、广场等。各类景观元素或工程景观按一定的认识逻辑进行组织,能更好地烘托城市理念、反映城市实态,因此城市理念及城市实态均可以通过城市景观给予表述。对该层次识别系统的组织与认识是城市 CI 设计的重要方面。

　　在城市 CI 的 3 个层次中,最具有风景园林专业意义的是其景观层次,亦即狭义的城市 CI 所包罗的内容。城市形象是一座城市内在历史底蕴和外在特征的综合表现,发掘城市各种内在资源,并进行提炼、整合,将城市的历史、经济、文化、市民风范、生态环境等要素塑造成可感知的形象,城市 CI 不失为一种可资借鉴的成熟途径,如设立醒目的地标,对城市色彩、城市街道绿化、城市广告及店招的统筹布局,以及对城市 Logo 的推广,还有对各种工程景观精细而又整体的组织等。城市 CI 需要将理念与实态转换成概念,并用鲜明的工程景观集合、简洁的图形、规范的布局、独特的空间艺术形态来表达。

　　城市 CI 除了关注概念及其形态外,还需借助一些城市景观规划设计手段给予支撑。它们分别是地标系统、绿化系统、夜景系统、城市色彩系统等,城市 CI 要调动这些工程景观要素的合力来表达、营造与烘托城市形象内涵,并使之更为鲜明。

三、城市 CI 的内容

　　就应用层面而言,狭义的城市 CI 最具有现实意义。狭义的城市 CI 即城市视觉识别系统,主要应用于城市的公共界面,如广场,街道(步行街)、滨江、滨湖、滨海地段,公园和绿地等城市景观。这种景观大可至城市或街区,小可至建筑或软硬质的工程景观。狭义的城市 CI 对城市总体形象营造有战术意义。

　　广义的城市 CI,除囊括上述所有狭义内涵外,还是对该地城市环境、城市活动、城市构成、城市规模等各类要素的总体概括。如有些城市提出的“市训”,就是城市精神文明战略的目标;有些城市提出“市民行为准则”,是对市民文明行为的倡导;现行的城市发展战略研究更趋于对城市物质目标的追求,因而具有物质文明特性。这些均属城市 CI 的理念。由广义的城市CI 所形成的理念可以成为一个城市追求和奋斗的目标,是城市精神文明与物质文明建设的总体反映,因此广义的城市 CI 对城市总体形象营造具有战略意义。

　　狭义的城市 CI 对下列城市景观设计内容在总体形象的构建实践方面有

指导意义（以下的城市 CI 均意指其狭义方面）。

（1）广场：广场类型多种多样，一般有疏散、休闲、购物、文化、集会、纪念等功能，多数广场的功能均是上述功能的复合。广场在城市中有特殊地位，而城市中心广场又被喻为城市的客厅，是一个城市对外展露形象的窗口，因而也是城市形象表达的关键场所。广场所传播的形象已不在于广场本身，而是对城市整体形象及面貌的客观反映。这正是城市 CI 的用武之地。

（2）步行街：这是另一个重要的城市 CI 表演舞台。步行街商业繁荣、人流密集，具有广袤的吸纳能力，是城市中的磁性点；也是行为主体和行为对象之间的一个极佳的交互场所，是城市标志性的空间，具有传播形象的意义。步行街的设计不仅要在缤纷繁杂的商业气氛中寻找城市的整体统一，而且还要弘扬城市的地域文化特点，宣示出城市的时代特征。而这正是城市 CI 所涉猎的内容及要达成的目标。

（3）滨江、滨湖、滨海地段：这些地段均为城市的重要展示界面。江、河、湖、海为城市提供了全景展现的空间场所。城市音乐化的轮廓、万家灯火的气度、充满神秘幻想的空间在此得到充分的体现。城市 CI 在此应当仁不让。

（4）城市软硬质景观：软质景观为城市植被、水体、灯光等。花草树木的季相变化色彩纷呈，文人墨客好以植物作为颂咏的题材，久而久之，使很多植物均具有人文色彩及人格化意义，植物的芬芳还对人的感官有直接作用等，所有这些均是城市 CI 的资源。硬质景观指道路铺装、围墙、栏杆、标牌、电话亭等城市工程景观。该部分内容与人的关系最为亲和，是人可触摸的范围，也是视觉可精细辨别的领域，具有城市 CI 中的触媒意义。这些城市设施及城市工程景观最需用城市 CI 的方法进行整理。

四、城市 CI 设计

下面依城市 CI 设计工作的步骤来叙述每一部分的内容。

（一）形象定位与概念抽取

城市 CI 设计在操作过程中首先要慎重处理城市形象定位，并进行可行性研究论证。城市形象定位即从城市自然、人文、经济等错综复杂的对象中抽取其中的要点并概念化。这些要点及概念应能综合反映出城市的地域

性、文化性、时代性特征。地域性特征主要体现在城市的地理面貌、乡土特点等方面；文化性是城市政治、经济、宗教、民族、科教、历史、文物、民俗等多种因素的综合；时代性是城市发展的必然要求，是对空间地域的意义与文化特性的补充。三者的结合能充分表达城市脉络，体现概念对城市的时空意义，推演出个性鲜明的城市特征。通过对这些要素的整理和抽取，城市 CI 力图创造整体统一的城市形象，而这也是城市工程景观规划设计所要达到的目标之一。但现行的城市规划与市政设计对城市形象要素的整合分散于各专业的分项工作中，缺乏总体控制；对各专业的实践，规划部门也缺乏使之统一的有效的控制管理目标。因此城市 CI 对城市规划管控也具有方法论意义。由此可见，城市 CI 中的核心工作——形象定位与概念抽取的重要性。

（二）概念的景观化过程

CI 设计的第二步就是依据上述形象定位对分析得出的概念进行景观化处理。景观化处理即为有艺术造型意味的形态选取或设计，该形态包括宏观、中观、微观 3 个层面。宏观的可以是城市的山水格局、环境面貌、标志性场景等；中观的可以是城市中现有的，知名度与影响力高的建筑、广场、雕塑、地标甚至山体等；微观的可以是富含城市历史文化重要寓意的图腾、图形、图案、小品等。对上述特色景观进行城市理念凝炼，形成能准确表达概念的新的图示语言，这是城市 CI 设计的关键。

（三）标志物与标志图案

景观形态确定后，下一步应考虑其适合的对象。其一，主要景观物象形态应选择城市结构中的要点，它可以是建筑、构筑物，也可以是广场。选用建筑和构筑物，能借助其空间体量发挥视觉冲击力；选用广场则可利用其在城市中的特殊地位及空间的亲和力，增强心理凝聚力。其二，标志图案、标志物与城市的联系应有机，对于一次规划分步实施的新城，这种有机联系在设计阶段就应得到构建；对于城市综合整治工程，则需因地制宜，结合既有的已为大众所接受的地物、地标进行安排。其三，同一景观物象形态应在平面及空间上做多样化构成分析，例如将景观物象形态平面化以形成标志图案，也可依照图案关系做拉升处理，形成空间构成等。这些形态可用于小品、城市家具甚至建筑的设计中。即使是由工程景观构成的平面图案也需做不同的适宜的纹样设计，以适应地面拼花、指示路牌、窨井盖板等工程景观设施设计的需要。

（四）标志色

城市的标志色应分为两个层次。第一个层次为城市的总体色彩，主要由建筑构成。如原北京市市政管理委员会规定以灰色调为主的复合色是北京的标志色。该色彩是在北京 800 多年的建都史中形成的，并和北京的地域及气候特点相适宜[①]。国外许多大城市都有色彩规划，如巴黎的标志色是米黄色，伦敦的标志色是土黄色等。第二个层次为近人尺度的城市硬质工程景观色彩，主要是人行道及广场铺装、各种标示广告牌及城市设施的用色。两个层次的色彩作用面不同，体现了城市标志色的统一性与多样性的辩证关系。

第一层次标志色的确定主要有两个影响因素：一为反映城市历史及现状的色彩因素，该因素强调色彩的时间连续，防止城市色彩的断层与"代沟"；二为反映城市地域及气候的因素，意即自然条件对城市色彩具有挑选及淘汰的作用，是客观规律作用的结果[②]。第二层次标志色的确定主要与城市的人文情感有关，色彩的选择空间较大。该层次是与人有触媒作用的公共空间界面，其色彩应反映城市构成单位的个性，这也是城市各构成单位自身的要求。如银行系统的用色、某些商业连锁机构的用色、某些国家职能单位的标准用色等。我们强调城市第二层次色彩并非要改变城市单位的色彩个性，而是要在缤纷繁杂的色彩中突出某种与城市整体有关的色彩成分，建立一条脉络明确的城市色彩主线，使城市公共界面的色彩"你中有我、我中有你"，体现城市公共界面的视觉统一性。第二层次色彩丰富多样，是对第一层次色彩的补充。虽然各式鲜明的色彩在微观上差别很大，但宏观上所有色彩是经人眼调色综合作用后的结果，对这种色彩的空间视觉的调和作用，印象派色彩理论有很精到的理解，第二层次色彩正是通过参与这种调和而作用于城市第一层次色彩的。

---

① 何晨. 灰色调将为北京标志色[N]. 市场报，2000-11-01.

② 焦燕. 城市建筑色彩的表现与规划[J]. 城市规划，2001，25（3）：61-64.

城市的标志色也可导入分区概念,城市的不同区域可用不同的色彩作标识,这种标志色的分区应顺应城市结构,以创造丰富多彩的城市格局。标志色的研究对城市户外空间建设是一个新课题,希望有更多的同仁投身其中,作出更多的探索。

五、城市工程景观元素的 CI 设计

(一) 建筑小品

建筑小品包括花坛、座椅、围墙、栏杆、书报亭、小商亭、喷水池、广告栏等;城市景观设施包括电话亭、公交车站、人行天桥、垃圾桶、邮箱、指示标牌及灯杆等。建筑小品与城市景观设施种类繁多,影响面大且权属单位复杂,缺乏统一的规划控制。城市 CI 要求将它们统一设计、统一实施、统一管理,这些构成元素也就成为城市 CI 设计的重要部分,其设计与布局应以城市 CI 的概念抽取、理念分析为原则,以城市 CI 的标志图案为依据,结合城市的标志色进行总体规划、统一部署。

(二) 广场及人行道铺装

城市中的广场及人行道铺装的色彩、材料等工程景观要素也应纳入城市 CI 设计的统一范畴。城市 CI 要求铺装的色彩应统一在城市的总体部署中,色彩布局要依一定的原则进行。如根据街道的方向选用不同的色彩,又如根据城市的环路选用不同的色彩,或以干道主次为依据来确定色彩的布局等。无论采用哪种色彩分布方式,均可达到强化城市标识的作用。广场、道路铺装材料的选用亦然。此外,标志图案在铺装中的重复使用可以强化城市视觉的连续性,使各种不同功能及性能的城市工程景观形成统一。

(三) 绿化

城市 CI 对绿化的要求主要有以下几个方面。第一,我国很多城市均确定了市树及市花。市树、市花可标示城市的地域特征,而且还蕴含一定的人文意义。有些城市还将其提升到精神文明层次,如黄山市的松与"黄山松"精神,武汉市的梅与"傲雪"精神等,这应是城市 CI 理念构成要素之一。第二,道路骨干树种的选择与布局和上节所述铺装有异曲同工之处,也是城市

CI需统筹规划的对象。第三,花草树木的色彩与气息对城市可起到识别作用,不仅丰富城市的节令文化,而且增加了城市景观的趣味性。

(四)照明工程景观

照明工程景观亦称城市亮化,其拓展了城市空间范畴,是用工程景观来体现城市表达的延伸。城市CI要求城市亮化在整体统一的基础上进行亮化分区,通过不同的亮化色彩来表述城市的空间层次及景深;并在亮化分区的基础上对亮点进行分级,场所的重要性是区别亮化分级的重要根据。城市的亮化因素经城市CI归纳整理后,应达到使城市的夜景空间富有层次又重点突出的目的。亮化分区可以依据城市结构用不同的色彩来表达,亮化分级使用的方式更多,如光晕、光色、光强的变化及运动型灯光的使用(激光)等。

(五)城市的标牌及广告牌

城市的标牌有路标、单位标识等;广告有商业广告和公益广告之分。城市CI要求标牌、标识设计都应具备CI特征。值得注意的是,城市中的交通标志本身更具有视觉的完整、统一性,已具备城市CI的各种属性,我们应对其色彩和形象给予尊重。

六、城市 CI 的成果内容

综上所述,城市CI应包含以下内容:城市形象定位与概念抽取,概念的景观物象化设计,标志色、标志物与标志图案的确定,工程景观元素的CI设计等。

城市形象定位:包括城市精神、市民行为准则、城市发展战略目标等。该部分以文本为主。

标志物与标志图案:包括标志物与标志图案的多样化比较设计,根据城市尺度确定的标志物及图案的尺寸要求,标志物与标志图案的适合纹样设计等。

标志色:应根据城市当前的色彩现状确定第一层次的标志色,根据城市的环境、文化确定第二层次标志色,选用的色彩应有一个量化标准,并要与

标志物及图案纹样的设计配合。

城市工程景观元素的 CI 设计：包括花坛、座椅、围墙、栏杆、书报亭、小商亭、喷水池、广告牌、电话亭、公交车站、人行天桥、垃圾桶、邮箱、指示标牌及灯杆等元素，其设计要以标志色为统一，以标志图案为特征。城市工程景观元素可采用类型学的规划设计方法进行设计。

绿化：包括骨干树种的选取、绿化造型图案设计。

亮化：包括灯色的分区以及亮点分级。

城市 CI 所涉及的内容基本为城市规划、城市设计所涵盖，只不过这些内容分散于城市规划、城市设计的各专业之中。城市 CI 却将分散于各处的影响景观的因素提取、整理并作统一的设计组织。这是城市 CI 的创新之处。因此，城市 CI 提出的整合城市形象组件的思想对在城市规划中塑造城市总体形象具有方法论意义。虽然城市 CI 的操作与实施是城市规划管理中的新课题，但城市 CI 的成果文件中包含很多可以定型化与量化的因素，这将有助于城市规划的管理与实施。城市 CI 这个概念也非笔者所创，而是源于艺术设计领域的 CI 界同仁，正可谓"他山之石，可以攻玉"。

（本节写作过程得到郑加华的协助与支持，特致谢！）

第二节　广场绿化工程的形象识别系统 ——城市绿化 GI 方法介绍

本节以城市 CI 理论为立足点，将其整体与系统的观点向包括城市广场在内的城市绿化工程延伸，力图将城市 CI 的战略思想贯彻到城市绿地系统中，使城市绿化工程在满足其专业技术要求的同时还对城市整体形象营造有更多的贡献。

一、植物景观与城市理念

我国的不少城镇或行政区划因植物而得名，如江西的樟树，河南的桐柏，广州的花都，湖北的黄梅，陕西的神木、榆林，广西的柳州、桂林等。有些植物地名已超脱其本身的小地域而有更广的文化含义，如洪洞的"老槐树"

象征侨居省外、国外的山西人对故乡的眷恋；"荆楚"成为以江汉平原为核心，包括湖北、湖南大部，河南、江西、安徽局部的周边广大区域的文化地理概念等；我国还有一些城市以植物为别名，如广州曰"花城"、福州曰"榕城"、洛阳为"牡丹之都"、咸宁为"桂花之乡"等。

城市或地域以植物冠名，表明相关植物在城市发展过程中所具有的特殊标识含义，其实质便是可识别性的植物景观对地域景观的代表性，也可称为景观的个性影响，是植物对城市形象的作用。

植物景观曾寄托有文人墨客的思想情怀，也见证了历史上的沧海桑田，这使具有生命特征的植物景观横生出文化寓意，也使植物由物质性景观向文化景观升华。物质与文化的结合增添了植物景观的情趣，更加重了植物景观对城市形象的影响分量。某些植物景观"登峰造极"而成为城市、地区甚至国家形象的核心理念就是其体现。如黄山市的"松"与"黄山松"精神，武汉市的"梅"与"傲雪"精神，香港的紫荆花与区旗、区徽，加拿大的红枫与国旗等。

就城市绿化对城市形象的普遍意义而言，绿化面积的大小和水平的高低，常常通过外来者的第一印象直接影响城市外在形象；另外城市绿化是城市文明与开发程度的重要指标，也是保持城市可持续发展和深化社会主义精神文明建设的重要措施。当城市绿化沿城市发展特色的方向不懈努力时，绿化对城市形象的普遍意义便会向理念方向转化，珠海市便是此方面的典范。1998 年 8 月，该市在世界 400 多个竞争城市中脱颖而出，以综合实力第一的骄人成绩，赢得了联合国人居中心颁发的"国际改善居住环境最佳范例奖"；其后又被原国家环保总局命名为"国家级生态示范区"，成为世界上居住最舒适的城市之一。这是珠海市二十多年来坚持走城市绿化、生态建设与经济协调发展之路的结晶，也是城市绿化的城市形象普遍意义向城市理念的高度提升的佳例①。

同样，有理念意义的绿色植物环境不经呵护，其理念意义也会消失而成为历史记忆。如自春秋战国时期就有"松柏之塞"美誉的函谷关，经隋以后

---

① 赵京安. 珠海：沧桑巨变　跨越发展［N］. 人民日报，2000-08-26.

诸代的变迁,而今已成为历史学家的追忆;位于陕西靖边的大夏国都城——统万城,历史上曾有水草丰美之说,而今却正为毛乌素沙漠吞噬。

以上事例充分说明植物景观对城市形象的影响及意义。城市绿化在满足其特有功能与技术要求的同时,结合植物景观的这些特性,对于继承植物景观对城市形象的历史影响、发掘城市形象影响要素中绿化资源的潜力、突出城市特色、塑造绿色城市、改善城市生活条件、提升城市环境品质以至塑造新的城市理念等均有重要意义,这也是城市绿化 GI(greening identity)的核心所在。

二、城市绿化 GI 的识别体系

在城市 CI 的各种形象载体中,经济与财富、亮化与未来、自然与生态、文化与品位有一定的对应关系,而植物对应的是生命。城市绿化 GI 便是对有生命与活力寓意的城市绿化系统进行统筹安排,使绿化成为营造城市形象的一种重要手段。按城市 CI 的战略步骤,城市绿化 GI 可从以下几个层次进行思考、组织[①]。

(一)植物景观的核心标志——市树、市花

我国自魏晋南北朝时期开始,就出现了以描写地景的艺术联想为主要题材的"田园诗""山水诗",这使地景与文学结下不解之缘。诗人将对自然的感受作创造性联系与发挥,从而形成景观意境,诸如陶渊明的"采菊东篱下,悠然见南山",杜甫的"会当凌绝顶,一览众山小"等,其例证不胜枚举。文学家将植物景观的生命寓意人格化,这使以环境形象为特色的植物景观向文化景观升华,也使某些植物景观成为包容环境形象、人格形象、文化形象的集中代表。选择合适的植物概括多位一体的综合形象,这便是市树、市花用以体现城市及社区个性与风貌的思想根源。可以说,市树、市花寄寓了居民的人居环境理想、象征了城市品格、反映了城市文化品位及居民的精神面貌,这是其所拥有的城市精神文明的深刻内涵。这也促成 20 世纪 80 年代市树、市花作为提升城市形象的重要手段在我国推行。

---

① 万敏,郑加华. 城市 CI[J]. 城市规划,2001(10):72-74.

市树、市花能增强市民对城市的热爱，还能带给市民更多的自信，其评选一般均应得到广泛的认同，这使市树、市花里包含着更多的社会价值观及审美观。高雅与通俗的默契使市树、市花传达出的形象信息有更多的可判读性，这是其产生广泛影响的基础。如厦门的市树凤凰木和市花三角梅，在该市的各旅游景点和街头巷尾普遍种植，每当客人问及，该市市民会如数家珍地大讲市树、市花的逸闻趣事，其珍爱、自豪之情溢于言表。

　　上述内容反映了市树、市花作为植物景观核心标志的文化与社会价值特性。就其植物学本性而言，市树、市花还应具有地域性、普及性。

　　所谓地域性主要为植物的自然特性，即植物要有与土壤、气候相适应的特点，且还少有病虫害，而本土的植物有与生俱来的地域天性；所谓普及性指植物景观不仅要不易损毁，且要具备顽强生命力。广东佛山将白兰定为市树、市花，合二为一的选择凸显其创意，但白兰娇贵的天性另加人为因素的影响，使其成活率大打折扣，园林部门甚至要为每棵树定制护栏来保证其健康成长，这影响了其普及性。

　　市树、市花的地域性与普及性是大自然漫长时节物种进化的结果，是大自然恩赐的城市特色，有城市自然地域名片的作用。地域性与普及性一般具有经济性特征，因此市树、市花又不失为城市形象营造中"价廉物美"的解决方案。

　　市树、市花还可作为城市景观元素的创作题材。简约化的树型、花型图案，可作为城市家具、道路铺装等城市景观元素平面或立体造型的创作素材。城市装饰吸纳市树、市花题材，不仅丰富硬质景观构成，而且还是城市设计中地域性的一种反映。

（二）植物景观的色、香标识（color identity，smell identity）

　　城市绿化对植物的多样性要求及植物的季相变化使花草树木的颜色不能教条式沿用 CI 的标准色概念。CI 标准色的本意有两层，对内为形象的整体、统一，对外则为个性的鲜明。植物景观具有视觉和谐、统一的天性，而季相的色彩却是其个性的反映。很多城市均因其植物季相所带来的丰富色彩变化而使形象"锦上添花"。如金秋时节北京香山的黄栌；再如呼和浩特的大青山给人的背景色彩感——"青色的城"；还有陪伴武汉大学春天的娇媚

樱花等。这些植物均因其花、叶的色彩特色而与城市形象联系在一起,并使城市个性更为突出。因此,只要抓住能给人留下深刻印象的植物色彩属性,便能达到与城市 CI 标准色异曲同工的效果。

城市绿化季相的色彩识别虽有时令性,但这种识别源于自然的感召,体现人与环境的亲和,其周而复始地在人们的期待中迸发,并给人带来具有审美意义的心理震撼。这为其他人工素材的 CI 色彩所不具备,也是其重要形象价值所在。不少城市便利用绿化色彩的独特个性来开办城市活动,在宣扬绿色城市形象的同时,促进城市经济发展,像武汉的新春赏梅、洛阳的牡丹节、天津的月季花节等。

城市绿化强调植物的合理配置及城市生态的多样性,目的是使绿化空间表现出春有花、夏有荫、秋有果、冬有绿,做到"远近高低各不同""浓妆淡抹总相宜"。这意味着城市绿化将为城市编织一条周期性的彩线。城市绿化 GI 即要将这一彩线结合城市空间特点,确定空间分布,并做系统的、有地域识别指向的引导。使城市植物景观的色彩变化在时间上体现连续、在空间分布上突出个性、在时空关系上则形成一首传达城市形象的植物景观交响曲。这首乐曲中既有植物景观的"重音",同时还有和弦与伴奏。

上述植物色彩属城市形象的视觉识别(view identity),树木花草的馨香使城市形象识别突破传统 CI 的视觉领域,而向嗅觉方面延伸,并与 CI 系统的 VI、MI(mind identity)、BI(behaviour identity)相对应,可称其为 SI(smell identity)。事实上,城市绿化 SI 能给人带来 VI 所没有的全新感受。设想将城市的不同方位用有不同花香的植物布局,在合适的时节,人们只凭植物的芬芳带来的自然美的风韵与陶醉便能明了自己所处之处。深刻的记忆是可识别的基础,在网络调查中被评选为中国最美校园的武汉大学主校区便是这么一个以植物景观的嗅觉与视觉为特色标识的场所,梅园、桂园、樱园、枫园所构成的空间格局使校园环境特色鲜明、形象突出。假若初识武汉大学,在合适的时节,鼻子将是最好的向导!

(三)古树名木的地标(landmark)作用

在我国南方某地的一个村落,其村口的老椿树不仅成为该村的名字,且村里的男男女女其名字大多与椿字有关。将古树作为村落标识的做法在我国南北的传统聚落中均有,如云南西双版纳傣族村寨的大青树;河南鹤壁石林村有千余年历史的"华北第一古柏";湖北利川市谋道被誉为活化石的"水杉王"等,这是古树名木地标作用的充分反映。古树不仅具有传统聚落历史延续的寓意,其良好的小环境又为村民提供了一个交往空间,因而备受百姓珍爱,并被奉为"树神"。而传统的道观、佛院、皇家宫苑、五岳三山等均有"树神"与其神圣、神秘相伴生,有些古树因其独特的形态而成为上述场所的重要表征。如黄山的"迎客松"、北京潭柘寺的"帝王树"、云南景洪的"树包塔"与"塔包树"等。

古树名木的地标作用除可影响社会心理外,还在于自元代以来对森林不断破坏的累积使古树名木已成为一种稀有资源。为保护这种稀有资源,原建设部于 2000 年 9 月颁布了《城市古树名木保护管理办法》,全国不少城市随之闻风而动,古树名木终于在社会中明确了地位,并拥有了自己的"身份证"。

此外,在封建社会时期,古树名木还是一种反映所有者社会地位的软标志。古代中国的树木有等级之分,如帝王用松树、王侯将相植柏树、士族种栾树、普通人家种槐树等。而今,古树名木的这种社会软标志作用成为城市绿化的文脉而融入现代城市中,这为树立绿色城市形象增添了一些有符号学意味的表达手段。另外植物景观还是城市形象地域性的反映,而古树名木是该特性的突出代表。

三、城市公共界面绿地的系列 GI 设计

城市绿化大体上可以分为四大类:第一类是用以改善城市总体生态环境质量的整体环境绿化;第二类是局部环境绿化,如城市的街头绿化、居住区绿地及城市公园等;第三类是配合城市旅游业的发展,以经济效益为主的旅游性园林;第四类是企事业单位专用绿地。我们之所以将城市绿化的系列 GI 设计限定在上述城市绿地的公共界面,主要原因有以下几点:第一,该界面最能体现城市绿化与人的亲和关系,是 VI、SI 直接作用的区域,具有形象传播主、受体的触媒意义;第二,城市绿化不是一蹴而就的,保持城市绿化现状对城市形象的环境影响,仅对其公共界面进行有步骤的改造与完善是

符合国情的实施方式;第三,出于对城市绿化景观生态的整体性、多样性、异质性,现有景观个性,遗产地保护,生态关系协调等原则的尊重;第四,尊重城市单位或私密性园林的使用者对风格、个性的要求。

城市绿地的公共界面概括起来可分为廊道、节点、可视边界,下面给予分述。

(一) 廊道

廊道是景观生态学中的基本概念,本书将其延伸至城市,用于描述城市形象结构系统。

对城市外在形象有直接作用的廊道是道路、河流,其绿化构成了绿色廊道,该廊道有形象展示的连续性特征。廊道绿化的骨干树种应根据城市绿化 GI 的总体部署,以植物的色、香识别为原则,以古树名木为点缀,以烘托城市理念为终极目标。目的是使绿色廊道以其异质性特点而在城市中有鲜明个性,下列几种方式可为举证。

结合廊道在城市空间中的网络状格局和植物的色、香识别特征,将植物依网络主线呈单环状或多环状布局,使植物色、香识别完整、统一。

根据廊道纵横的不同走向将不同色、香的植物依廊道方向作分区布置,突出城市的方向识别性。

根据城市分区特征,在不同分区的廊道中采用不同的植物色、香标识系统,突出城市的方位识别性。

在绿色廊道中,城市门户型廊道、城市窗口型廊道对城市形象有更大作用。所谓城市门户型廊道主要有城市公路、水路、铁路、航空等对外交通的出入廊道,市域内主要城镇之间的联络廊道等;城市窗口型廊道有城市特色商业街、步行街廊道,城市骨干交通廊道,历史文化街区、风景名胜区的联络廊道等。这些廊道信息流量大、形象传播效益高,是绿色城市形象传播的主要渠道。因此,城市绿化 GI 中的识别要素在这些廊道中应予强化。例如,厦门在修整环岛快速路时,就曾特地将沿线若干古树留出,使路让树,古树之所在成为快速路中的一个景观亮点,这不仅增强了地域的可识别性,且为厦门带来极佳的环境形象。

绿色廊道两旁的植物小品与造型可结合城市 CI 的标志性图案进行组

织,适当的视觉重复有利于城市整体标识系统的完整与统一,同时也表达了绿化 GI 与城市 CI 的连接呼应。

(二)节点

节点主要为城市内外交通的互通处、广场、交通绿岛、零星绿地等。节点与廊道一样也有轻重之分,其中以城市门户型节点、窗口型节点为重。门户型节点如城市车站广场、城市航空港广场、城市港口广场及城市内外交通互通处的绿岛等;窗口型节点如城市中心广场、游览区入口广场等。

节点与廊道的互通,使之成为廊道的重点,同时也是城市形象营造的要害。节点、廊道及其网络状格局反映了城市绿化系统中植物布局的点、线、面关系,这使绿色城市形象有了完整的表述手段,我们也可将这种关系称为绿色城市形象系统。在该系统中,节点是形象表达的重点;廊道使形象在依一定规律的重复中产生统一;节点、廊道在城市网络中地位的轻重则反映城市形象表达的主次与层次。城市绿化 GI 要使植物景观重点突出、层次分明,并体现统一与多样的辩证。

市树、市花因其在绿色城市形象中的重要地位,理应成为节点的主要内涵,古树名木因其景观审美的感召及其地标意义,在节点的环境营造中有义不容辞的责任。辅以其他植物景观的多样化配置,并与能反映城市理念的地标、雕塑配合,这样节点才能渲染出相应的城市文化及环境形象。市树、市花在重要节点的重复出现,不仅可强化植物景观理念,而且可在丰富多彩的城市空间中强调植物景观主线,以此保持城市形象的统一、完整。

(三)可视边界

可视边界主要指对城市外在形象有直接作用的、有可展示的视域及空间景深的斑块界限。包含城市中可视的植物边界,城市边界,城市分区界线,湖、海岸线,另外还有山体边界及其竖向轮廓等。与廊道、节点结合的边界均有可视性、可达性,如滨湖、滨海道路及其中的绿岛等,该类边界可按前述廊道或节点的组织原则进行设计。与廊道、节点不相通的边界因人的不可达性,其绿化组织应以合理配置的植物色彩标识为主要依据,强调植物色彩关系对视觉的作用,突出色彩识别的作用。

城市中的山体因其体量及空间的竖向变化,可对城市更广泛的区域产

生影响,是城市绿化 GI 的空中制高点。山型及其绿色形象与建筑景观的伴生关系是城市地域特色的重要方面,像拉萨的布达拉宫,武汉的龟、蛇两山与长江大桥等,因此山体的绿化对城市形象有重要作用,植物景观的季相色彩在此有充分展示的舞台。

可视边界、廊道、节点反映了绿色城市形象的表里关系,并构成了外在的绿色城市形象系统。城市绿化 GI 将其作为一种影响城市形象的可操作的界面,在该界面中,对植物进行以反映城市形象为目的的部署,符合城市绿化的"第二自然"性质。这样,城市绿化对城市形象一定会有更大贡献。

第三节　城市地标的形象识别系统

地标是对地域形象有可识别性的景观,个性是其重要特点。地标的体量、规模、色彩、文化效应、纪念意义、公共性、造型所产生的景观异质性,及其可引起视觉与审美心理震撼的属性是其作为城市形象标志的主要原因。地标景观一般有以下几个特点:第一是其景观异质性,像有一定特色的建筑、雕塑、小品、构筑、文物、自然地形、地貌、植物等均可能成为地标;第二是其功能异质性,像有一定规模或经营特色的商场、餐馆、酒吧、宾馆、展览馆等因场所的公共性质而使其形象更具有传播效应;第三是其在城市中的地位,有些地标位于城市主要街道,或其是城市中的结构要害,可担负起作为城市整体形象画龙点睛之笔的重任,城市广场便是有如此属性意义的一种为大众普遍认可的城市地标。

有些地标具有形式语言寓意,该寓意与城市一定的自然、文化或区域属性相关联,这使地标能传词达意,从而成为城市形象的重要表征。对城市中的各种地标进行一定的组织,将其寓意做富有联系的发挥,从而形成反映城市理念的线索,这样,城市地标将会对城市整体形象产生更为重要的作用。

不少城市或其行政区划因地标而得名,这是地标因其景观可识别性对城市形象所产生的独特作用。因此,研究城市地名及其所反映的景观类型,可解读出城市形象所钟爱的地标景观类型。有些景观似乎具备"成名"的天性,如桥梁、大坝,还包括本书研究的城市广场等;有些景观则需成为同类中的佼佼者才受钟爱,像植物、建筑、雕塑等。

　　景观特征不同的地标会给城市带来不同的联想,并赋予城市形象不同的寓意。像桥梁地标对城市形象就有时代性与浪漫寓意;植物地标对城市形象有生命及绿色寓意;标志性建筑对城市形象有财富与创造寓意;文物建筑、历史街区对城市形象有地域文脉价值;城市广场、城市绿地空间对城市形象则有宣示精神文明的作用等。当然,有些地标的城市形象功效为上述多种寓意的复合,如城市广场便在时代性、地域性、文化性等多方面产生塑造城市形象的价值。因此,把握城市中各种不同类型的地标的格局,对营造丰富多彩的城市形象是有重要意义的。

　　城市地标与特定城市环境的良好结合所构成的图景是城市地域性的一种反映,如东方明珠之于上海、埃菲尔铁塔之于巴黎、天安门广场之于北京等。该类对城市景观有典型意义的地标,我们可称其为有地域性特征的地标。其特点是地标与城市环境景观尺度和谐且有机,或言地标与城市景观环境有良好的伴生关系。这既是城市形象传播的基础,也是城市设计追求的目标。

　　城市自然系统不仅是构成城市斑块的基质,其山水格局也是大手笔塑造城市形象系统的城市天然地标,如武汉的龟、蛇两山,岳阳的城陵矶,无锡的锡山等不胜枚举。对城市中具有地标意义的自然系统充分尊重,是城市特色与形象营造中"价廉物美"的手段。

　　并非任何地标均要"任重道远"地背负起城市形象表达的责任,在局部小地域,我们不必对每栋建筑均苛求其形象寓意,只要其在景观和谐中能局部突出,为城市提供有识别意义的参照便已足矣。相反的做法则可能形成景观识别的"内耗"与"紊乱"。因此城市地标要有主次,以便形成层次。这要求城市中除了有主导地标外,还要有反映城市各种次要特征的地标,主次标志共同协力,从而构成识别特征鲜明的城市地标系统。

　　城市广场作为位于城市主要廊道的结点或是城市中结构要害的城市空间,具有鲜明的城市地标价值,是人们识别城市并产生深刻印象的依据,根据其所处空间的轻重而有不同的城市识别与形象价值。像天安门广场这样的地标不仅担负着表达北京城市整体形象的重任,且还有中国形象代表的

价值意味。城市广场空间具有的高度公共性赋予其重要的传播价值,从而使其成为城市地标系统中独具魅力的一种。

第四节　城市色彩的形象识别系统
——城市色彩 CI

城市色彩是一种可以表述"四季"、体现"情感"、拥有"文化"的无形语言,它描述城市的历史文脉、体现城市的时代气息、还担负了城市的环境理想。城市色彩也是景观中感知力度最强的要素之一,通过明度、色相、彩度等属性的对比或和谐,可丰富城市景观、强化城市识别、塑造城市形象。城市色彩还是体现城市特色的"价廉物美"的手段,它傍城市自然之力、倚城市人文之功、昭城市社会之用。城市色彩的这些特点使其成为提升环境品质、实现景观创新的重要手段,从而越来越受到政府、社会及学术部门的重视。

一、城市色彩需要和谐、统一而非"单一"

要塑造城市整体色彩个性,城市中建筑及景观元素色彩的和谐、统一是关键。然而在有关城市色彩的讨论中我们可以发现,不少同志将色彩的和谐、统一曲解成为色彩的"单一",像"城市主色调""城市主导色"的论调就是具体体现。这实际是将色彩"统一"的美学感知概念等同某种"单一"色彩,是犯了偷换概念的错误。

理论上讲,景观中的色彩配置无论合适与否,均对城市识别有一定影响,单一色彩同样有如此功效。但色彩单一的结果肯定与"单调""千城一面"有更多的联系,这与景观创作的多样性原则背道而驰。

单一色彩也同样可能营造出色彩的统一感,甚至会对城市的整体识别有强化作用,但其副作用太大,其中典型的不利影响便是销蚀城市内在的可识别性,降低城市内景观的识别分辨度,这与景观创作的异质性原则相违忤。单一色彩论挑战的是一个丰富多彩的世界,挑战的是一个有历史与文化纵深的社会,挑战的是人们在全球化困惑中对地域特色的不懈追求(图3-1:达尔文港单调的城市总体色彩)。

图 3-1　达尔文港单调的城市总体色彩 （google）

　　城市色彩在时间的积淀中汇聚了众多的历史人文、民族风俗、气候地理、宗教伦理、建筑风格、审美感知等信息。历史上的中国城市在总体色彩特征上表现出一种趋同，这是受宗法礼制、材料制造与加工技术及人类对自然驾驭能力的局限所致，当然还有"时间"对材料色彩销蚀的使然。但"趋同"绝非"单一"，中国古人为克服这种"趋同"，往往穷竭心计地施彩用色。事实上，我国古代城市一直是通过建筑色彩的变化来强调识别、标示身份甚至区别地域的。像古代的阴阳五行即通过大地景观所呈现的色彩特征来标示地域特色，"青龙、白虎、朱雀、玄武"其至尊为"黄土"，黄色因而成为国家标志色；古代建筑中更是用金顶红墙、玉栏朱柱等来丰富城市景观、创造识别个性；中国古建筑中的彩画则反映古人对色彩驾驭的登峰造极。多种至纯至净的色彩组合，使色彩在淋漓尽致的发挥中大气横溢，这些鲜明的色彩又通过视觉在空气中的调和而产生统一、和谐之美，这也是近代西方印象派的色彩理论精髓，而这种理论早在一千多年前的古代中国便被广泛应用于实践。

　　现代城市属多元化社会，表现为思想认识的多元、民族成分的多元、技术能力的多元、经济构成的多元、文化浸染的多元。现代城市的色彩在多元的社会属性影响下表现出"丰富多彩"的特征（图3-2：新加坡城市的多姿多彩）。人们有技术及能力在城市领域用更多的手段来表达色彩；人们也有更大的物质力量在更广泛的方面来驾驭色彩；人们有更为广阔的视野在全球范围内感知色彩；甚至人们还可在各种文化属性的色彩背景熏陶下接受完全不同的色彩审美观念。这就是多元化社会背景下"丰富多彩"的表现，也正是现代城市色彩的特色所在。至于我们如何驾驭好这种"丰富多彩"，并为城市色彩的和谐统一服务，"单一"色彩并非一副良药。

图3-2　新加坡城市的多姿多彩 （google）

二、城市总体色彩与城市界面色彩的观念

（一）城市总体色彩

城市景观中不少概念源自对大尺度空间影像的判读，这与航拍及卫星遥感技术的发展密切相连，城市肌理、大地干扰、景观异质性、基质等概念均

属于此。对城市大尺度空间影像色彩的概括，可用"城市总体色彩"来表述。城市总体色彩是城市缤纷的色彩经视觉在空气中调和后呈现出的色彩景观特征，是人们对城市色彩的宏观感受。这种色彩反映城市的历史积淀、综合城市的时代属性、展示出明显的城市色彩空间结构（图 3-3：埃及金字塔的"生态色彩"之美）。

图 3-3 埃及金字塔的"生态色彩"之美 （google）

我国古代城市大多由木结构建筑组成，色彩涂装是保护结构体"延年益寿"的重要手段，这使中国在相当早的时期就发展出了这种集美学与防腐为一体的技术。为防止因色彩而乱纲常，封建社会往往通过礼制来规范建筑用色，色彩成为甄别建筑所有者社会身份及地位的标志。建筑屋顶的施色、结构体的色彩涂装及彩画等均成为传达所有者社会价值属性的符号，这使古代城市色彩面貌重点突出、层次分明，同时因其色彩的鲜明还具有突出的地标意义。

城市总体色彩因城市不同时期的发展在文化、时代、自然环境的作用下而呈现出明显的色彩分布规律，从而构成城市色彩的空间结构。假若现代城市是一个文化"堆积"体，城市总体色彩则以文化"剖面"的形态来展示城市文脉、体现色彩结构。这种色彩结构若用"城市主色调"来统一，恐怕城市的历史文化真的会变得"不清不白",怎一个"灰"字可以了得！

　　我国的城市规划与建设对建筑单体的色彩较为重视,但对建筑单体色彩与城市总体色彩的关系却表现出一定的"无意识",体现在某些现代城区中单体建筑之间色彩的争妍斗丽,使城市色彩局部产生不和谐；某些有地标意义的建筑在其外观更新过程中"喜新厌旧",忽视色彩所产生的识别意义,忽视人们对城市地标的心理依赖,也忽视城市地标的景观面貌持续对城市文脉的作用；在旧城改造中新的建筑往往以异质性的面貌对老街区所呈现的色彩与肌理形成干扰；也有因城市更新而导致历史色彩"剖面"边缘的识别模糊等问题(图 3-4:北京城总体色彩的紊乱)。所有这些均表明城市色彩有很多可以进行控制与引导的方面,这需要我们通过规划进行色彩干预,以使城市总体色彩朝有利于整体识别且不模糊个性的方向发展。

图 3-4　北京城总体色彩的紊乱　（google）

(二) 城市界面色彩

城市界面是城市中的廊道、节点、可视边界的总称，这是与人有触媒作用的公共领域，其色彩具有可为人直接感知的特点。城市界面色彩与上文所述的城市总体色彩反映人们对不同空间距离的城市色彩的感知，前者属微观尺度的感受，后者为宏观尺度的体会。两者一道构成城市色彩的两个层次，后者可称第一层次色彩，前者则为第二层次色彩。城市色彩规划主要是对这两个层次的色彩作控制与引导。

城市界面色彩与城市总体色彩有区别又有联系，具体表现在：一，界面色彩的主要载体——建筑墙面，其色彩对城市总体色彩有直接影响；二，近人尺度的景观元素如广告、标示、商业门面、道路铺装等的色彩在宏观尺度的空间判读中呈现出彩带特征；三，城市界面色彩较之于城市总体色彩更富有人文情感，色域要宽广得多，两者一道构成城市色彩"多"与"少"的辩证关系（图 3-5：武汉中山大道的界面色彩）。

图 3-5　武汉中山大道的界面色彩　（万敏 摄）

城市界面由众多的具有公共服务性的城市单位组成，为了在这个五光十色的界面中强化识别个性，不少单位均根据自身的服务性特点而制定符合色彩感知规律的、具有整体性识别特点的用色规范。如金融系统的标志用色、某些商业连锁机构的标志性色彩，还有某些职能单位的标准色彩等。

这使城市界面色彩在局部孤立的状况下总体上还存在色彩识别点的连续。

城市界面色彩有两个方面在规划中需作控制:一是尺度,即控制色彩载体的高度或面积,使彩带呈现出有组织的变化或规律;二是色彩联系,即在缤纷繁杂的色彩中强调某种与城市理念有关的色彩成分,如用城市标志色建立一脉络明确的城市色彩主线,使城市公共界面的色彩"你中有我、我中有你",体现城市公共界面色彩的视觉统一性。

三、城市标志色

国旗是一个国家的象征和标志,因此国旗所蕴涵的寓意与这个国家的政治、历史、民族、信仰、理想、环境等有密切关系,而色彩在其中的作用更是举足轻重。像我们的五星红旗,其红色不仅代表革命先烈付出的鲜血,还是红色中国的象征,而五颗星星之"黄"则是中华民族历史上的色彩至尊;法国的国旗为蓝、白、红竖条组成的三色旗,三种颜色分别代表法兰西民族"自由、平等、博爱"的崇高理想与社会目标等。国家的人文目标、环境理想、历史发展、民族特色在此通过色彩及其形式语言被高度抽象与概括,这些色彩或色彩组合即为国家标志色。城市独特的地理环境与发展历程同样可为色彩所抽象处理、延伸甚至发挥,能反映城市更多特定内涵的色彩及色彩组合就可称为城市标志色。由此可知,城市标志色与所谓的"城市主色调""城市主导色"等概念完全不同(图3-6:故宫色彩及其标志性)。

城市标志色可为一种或两三种色彩的组合。色彩太多则会造成识别模糊,从而使标志意义丧失,太少则可能造成对城市丰富的历史文化表现乏力。像前文所述的有国家标志色寓意的国旗色彩构成即为明证。

城市标志色的确定中影响因素繁多,本节限于篇幅不一而足。下面我们重点分析几个与色彩规划有关的问题。

城市标志色有宽广的色彩谱系(色域),不少色彩纯度很高,这使城市标志色不一定能普遍地在城市总体色彩中发挥作用。像楚文化地域的城市,若以楚文化的标志色——红与黑的色彩组合来作城市标志色,就可发现这两种色彩均很难在现代城市的总体色彩中广泛施行。这就产生了一个问题,即城市标志色到底在何处进行表现?事实上城市标志色正是非普遍意

图 3-6　故宫色彩及其标志性 （柯鑫 摄）

义的色彩，其若大面积在城市建筑上实施，结果是因色彩的泛化而使标志性作用降低，因此该色彩的主要使用范畴便是城市中的结构要害，其作用便是为城市的形象画龙点睛。像有城市文化、交通、经济、政治等中心作用的地区均是城市标志色的用武之地。如对欧裔民族有理念意义的白色，在一些欧美国家的行政中心如美国的白宫、英国的白金汉宫均有使用，而对美国国家理念有象征意义的华盛顿纪念碑及自由女神雕像也都用白色。

《五行大义》中有"夏尚黑，殷尚白，周尚赤"的论断，这也揭示出标志色是随时代而发展变化的。城市中的历史街区受其形成时代色彩崇尚观念的影响，其标志色彩有独立的系统。像我国古代城市一般以黄、红、黑三色作为建筑的识别标志，三种色彩同时也区别出皇族、士族、庶民三个不同的社会阶层。我们在考虑城市色彩规划时，对不同时期的色彩对象要有所区别，引入"城市历史标志色"的概念有利于表现这种区别，因此城市标志色除了其色彩非单一外，依时代不同，城市还有不同的标志色。

城市标志色并非必须依附"历史文化"，我们应该允许其有一定联想与发挥的空间，像珠海拥有生态效益良好的人居环境，绿色便不失为一个重要考虑因素。但不管出于何种思量，标志色一定要与城市理念有更密切的联系。城市理念作为人识别判断的最高形式，是城市景观中各种感知要素合力的结果。色彩作为城市识别的一个重要感知因素，对于凝聚城市理念的

73

共识有义不容辞的责任。

城市标志色是对城市的环境形象、人格形象与文化形象的高度抽象表达与概括，它不仅可用以体现城市及社区的个性与风貌，还寄寓了居民的人居环境理想、象征了城市品格、反映了城市文化品位及居民的精神面貌。这是其所拥有的城市精神文明的深刻内涵，因此在城市色彩规划中确立城市标志色就能够凸显其意义。

四、城市色彩标准

世界上的色彩千变万化，为在这缤纷的色彩世界中使每一种色彩均能精确度量，这就需要借助色彩标准。可以说色彩标准是表达色彩的科学手段，是人们进行色彩交流的语言。

然而，我们在色彩交流方面还存在重重障碍，表现在这几个方面：一，我国与世界上多数国家一样，还没有适合建设行业度量色彩的国家标准；二，一些发达国家虽然制定了色彩的国家标准，但由于标准不一，还存在色彩语言上的"国界"；三，即使在同一国家，也存在色彩标准方面的行业差别。这些障碍反映在城市规划行业表现为以下几个突出问题：一是规划设计中有关色彩的描述存在问题，像北京市所确定的城市标志色"灰色"就有丰富的变化，生活语言对此界定乏力；二是规划的操作实施存在问题，如我们在下达有关色彩的指标时，存在规划管理、建筑设计、施工单位、色料厂家各部门之间对色彩指标的理解偏差，这使色彩控制只能"跟着感觉走"；三是不符合现代规划控制中的信息管理要求，色彩标准可在计算机中信息化，规划师、建筑师在计算机辅助设计中使用的电子色样可根据色彩标准分解出相关的色彩信息，并可实时导出，像在欧美地区被广泛采纳的 NCS 色彩标准就有电子版本，其可嵌入设计行业的通用软件中，直接进行标准化配色，还能进行 RGB 值和 CMYK 值转化。色彩标准的制定将会极大方便城市规划与建设各部门之间的沟通，提高工作效率并节约社会资源，我们城市规划与建设行业更会深受其益。

目前，国际上较为完善的色彩体系有美国的孟塞尔色彩体系（Munsell color order system）与 OSA-UCS 色彩体系（optical society of Americauniform color scale)、德国的奥斯华德色彩体系(Ostwald color order system)及 DIN 色彩体系(deutsche industrise nomung color system)、欧洲使用最广的自然色彩体系 NCS(natural color system)、日本色研配色体系 PCCS(practical color co-Ordinate system)。其中比较有影响力的是孟塞尔色彩体系和自然色彩体系 NCS。孟塞尔色彩体系以 H. Helmholtz(1807年)的三色理论为基础,1943 年又经修正,并得到美国光学学会(optical society of America)认可,成为国家标准。NCS 系统是瑞典、挪威、西班牙三国的国家标准,它也是欧洲使用最广泛的色彩系统,并在 52 个国家有千余授权用户。NCS 以色彩的四色理论为基础。由于孟塞尔色彩体系在我国较为人所熟知,本书不再作介绍,下面重点分析还不为国人所熟悉的 NCS。

NCS 的根据是 E. Hering(1878 年)的四色理论,按人的视知觉确定出红(R)、黄(Y)、绿(G)、蓝(B)四种基色,加上黑(S)、白(W)形成 6 个基准色。它们是心理上的独立色感,其色相的色阶依据主色成分的比例而定。NCS 以两个相邻的心理主色(红、黄、绿、蓝)的百分比标示色彩。NCS 彩度(chromaticness,C)为色样的色彩和同色相色彩的最大可能彩量的比例;NCS 黑度(blackness,S)为色样黑量与理想黑的比值;NCS 白度(whiteness,W)为色样白量与理想白(perfect white)的比值。如 S30 60 Y70R 表示色彩包含黑度(S)30%、彩度(C)60%、70%的红(R)与 30%的黄(Y=100%−R)。通过上述值可分析出:白度(W=100%−S−C)为 10%;而在 60%的彩度中,黄度(Y)占总色量的 18%(60%×(100−70)/100=18%),红度占总色量的 42%(60%×70/100=42%)。NCS 的黑与白是必不可少的,其彩度则可由红、黄、绿、蓝中的两两关系反映,因此任何一种色彩均可分解成黑、白及另外两种基色共 4 种颜色,从上述关系还可推算出 4 种色彩的体积比。这对建筑涂料行业有极大意义。涂料厂家只要生产出 6 种基本色,并按推算出的体积比,便可调制出客户所需要的任何颜色。正因如此,NCS 在全球有 10余万用户、千余厂家的加盟。根据 NCS 的色彩理论还生产了一种便携式色彩仪,它能即刻读出目标的 NCS 值,这是进行城市色彩调查的重要工具(图3-7:NCS 便携式色彩仪)。

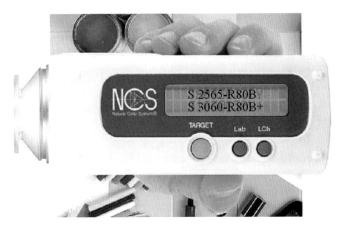

图 3-7　**NCS 便携式色彩仪**　（NCS 官网）

　　其他一些色彩体系，如 OSA-UCS 色彩体系虽然在理论设计上是成功的，但是因为其理论原则比较深奥、表示方法不够直观、转换公式复杂，使颜色工作者对它的理解和运用存在不少困难，从而限制了它的推广使用。还有历史悠久的德国奥斯华德色彩体系，曾是民主德国的标准，但现在很少使用。DIN 色彩体系虽在德国已普遍使用，甚至制定了相应的国家工业标准，由于它不能充分反映人的心理及物理规律，其影响力有限。至于日本色研配色体系 PCCS，它模仿孟塞尔色彩体系的三色理论，同时结合日本本国的颜色心理特征，在日本被广泛应用。日本的每一座城市，政府都免费向建筑商提供《城市色彩规划指南》作为指导。同样在很多西方发达国家，色彩规划常用于旧城保护和新城规划。但针对保护老城区原有风格时对色彩使用有严格规定，针对新城区的规定则少得多。

　　我国的印刷领域运用较多的是《中国颜色体系》（GB/T 15608—2006）和《中国颜色体系标准样册》（GSB16—2062—2007），《中国颜色体系》的制定起步于 1993 年，并在 1995 年正式公布为国家标准。目前 NCS（中国）色彩中心正在研制国家级标准——中国建设色彩应用标准，该标准已经正式立项。它的适用对象将涉及建筑、规划、设计、施工、监理以及建材生产等不同领域。

第五节 广场照明工程景观的特色营造

广场照明工程景观也可称为广场夜景观,其一般有三方面含义:第一为照明科学技术,第二为艺术效果,第三为景观类型。可以说广场照明工程景观是照明工程科学与艺术的有机结合,是社会物质文明达到一定高度后,人们对市政工程景观多样化的必然要求。广场夜景观拓展了广场的景观表达,实现了全天候展示广场魅力,是深挖广场景观资源潜力、充分发挥资源效益的一项重要举措。正因为夜景观有如此重要的作用,各级政府及相关职能机构对此也颇为倾情。然而,若要营造富有特色且符合绿色照明及技术要求的广场夜景观,还需遵循城市景观规划设计的一些科学规律。下面我们立足城市夜景观的一般规律进行阐述,广场作为城市景观的精华,其夜景观的营造道理是一样的。

一、城市本体景观特色的夜景观表达

为使城市夜景观与城市本体景观有良好的呼应,我们应从夜景观的总体规划着手,结合城市现在及未来的空间格局,从艺术整体美的角度制定城市夜景观未来的发展目标,确定实现目标的途径、步骤及技术保障措施,并通过对社会实践的引导和控制来保持城市夜间景观艺术美的持续发展。城市夜景观的实施是一个分阶段的、漫长的过程,进行规划控制即是保证每一个单独的过程均能为城市空间格局的夜间景观整体性服务。而亮照分区、亮照分级、亮带、光色等则是反映夜景观整体性、建立夜景观与城市本体景观联系的重要方面。

(一) 亮照分区

夜景观不是越亮越好,其亮度要以满足人们活动的需要为原则,并达到观赏间距的光亮感觉与节能优化之间的平衡,因此,好的城市夜景观是表达对象亮与暗关系的艺术性配合。亮照分区即是将区域景观对象的亮度进行数值量化,以使表达对象当亮则亮、该暗则暗,而对象的形态结构也通过亮与暗的关系得到整体体现,因此分区是对夜景观效果的总体把握。

　　亮照分区的概念既有宏观意义,也有微观意义。对建筑而言,分区即建筑的四个面应有明有暗,以保证建筑鲜明的体积、轮廓不被亮化"销蚀"(图3-8:上海陆家嘴夜景观);对区域而言,分区是综合考量区域功能、美学特征后,对亮度的总体安排,各分区应有明有暗,泾渭分明(图3-9:巴黎城市夜景观)。

图3-8　上海陆家嘴夜景观 　(罗雄 摄)

图3-9　巴黎城市夜景观 　(梁吉 摄)

亮照分区也蕴含绿色照明设计的寓意。不同的亮化分区使城市的亮照有一个合理的分配,是亮照与节能、亮照与功能、亮照与对象形态结构的优化配合。

(二) 亮照分级

亮照分级是确定各个亮照分区、亮带、亮点的明亮程度,并以平均照度水平来区别各亮区、亮带、亮点的亮度,使表达对象主次分明、重点突出。

亮点与景观本体的要点密不可分,本体景观要点的主次是其亮照级别高低的重要依据。根据景观本体实际情况,其亮照可有 2 个或 3 个级别的划分。同样,亮点这个概念也可用于宏观的城市和微观的建筑。

在城市轮廓的夜景观处理上,灯光组织应有效配合城市整体"音乐化"的轮廓,突出"重音"部,弱化"低音"部,以体现城市天际轮廓的本质美(图3-10:香港城市夜景观);在建筑单体的夜景观处理上,建筑的顶和底是景观要点,这是亮化时的重点表述之处(图 3-11:武汉佳丽广场夜景观)。

图 3-10 香港城市夜景观
（Frank Pettit 摄）

图 3-11 武汉佳丽广场夜景观
（伍昕 绘）

（三）亮带

亮带一般利用骨干交通照明形成，其不仅有实用功能，还是各亮区、亮点的联系纽带。亮点、亮区与亮带反映了城市夜景观的点、线、面关系，使夜景观明暗中有主次、变化中有统一（图3-12：厦门海湾公园亮带）。

图3-12 厦门海湾公园亮带 （篁路 摄）

亮带的亮度也可分主次。城市景观带对城市景观构筑的分量轻重可通过亮带的亮度给予区别。而城市空间的结构美也可通过夜景观的亮带得到充分的表达。

（四）光色分区

城市中的不同道路、区域用不同色彩的灯光进行配置，这便是光色分区。光色分区不仅反映城市夜景观的多姿多彩，而且还可增加城市方位或方向的识别性。

由于城市夜景观的公共性质，追求吉利、祥和的灯光色彩寓意是我们所要遵循的"公德"。如，在城市广场中我们就不宜用湖蓝色或淡蓝色等易让人产生恐怖联想的光来"亮化"，否则不仅与广场的欢乐气氛相悖，还会给社会带来不良影响；再如，城市街道上的灯光广告就需要注意其闪烁、跳动的频率，太急促、太跳跃均会使人产生不利于健康的心理压力等。

二、城市特色的夜景观发挥

上文所述的四个方面反映了城市夜景观对城市本体景观的尊重,目的是使两者具有形象与视觉识别上的统一性。然而城市夜景观还可通过一些其他手段来发挥景观联想、实现景观创新。

(一) 意境

意境是一种艺术境界,反映人文情感与生活图景的和谐统一。也是中国古代人文艺术审美境界的最高追求。"物我交融,心物两契"之妙,"景中生情,情中含景"之美是意境的极佳写照。

夜景观与白日景观效果的阴阳相济,和意境审美强调的情景交融、虚实相生高度一致,这使夜景观的创造多了一项"看家本领"。夜景观营造理论完全可与意境学说结合,实现跨时代的"零距离"对话。

然而要在夜景观中产生意境,还需设计师运用一些技巧与方法。首先,是夜景观中的灯光方向要与太阳反其道而行之,使"黑白颠倒",制造意象反差,为意境埋下伏笔。其次,是对意象进行合理虚构。例如,武汉龟山计谋殿的灯光艺术处理可使人联想到仙境。其重台叠构与自然山体形成的轮廓意象是实;而蓝色的光所喻的"天",自下而上的强烈亮度反差所产生的超现实的抽象是虚,突出"仙境"的虚无缥缈。山体、树木的剪影可体现"仙界"与"人间"的距离,剪影中适当点缀明灯几盏,灯光若隐若现,营造出空间的景深感(图 3-13:武汉龟山计谋殿夜景观)。

(二) 建筑的夜景观与城市识别

建筑是城市的细胞,也是城市特色的重要识别要素。处理好建筑的夜景观会丰富和完善城市整体识别系统,从而达到烘托城市形象的目的。

城市中建筑单体的夜景观一定要充分表达建筑性格,并根据建筑的特点确定灯光布局。

对于欧式古典风格的建筑,可根据其构图特点,如横三竖五来组织灯光,使灯光也分为多段,合理控制每段的光强,突出欧式建筑丰富的檐部光影关系;对于中式古典建筑,应按柱位布置灯光,突出开间的韵律及檐下斗

图 3-13　武汉龟山计谋殿夜景观 （陶碧伟、伍欣 绘）

拱丰富的层次；明间部位可采取灯光加强措施，以使上部的牌匾更引人注目。对于现代建筑，要根据建筑的个性特征，强调建筑的块面与体积，墙面简单的建筑可采用彩色光源或彩色混合光源来形成特殊效果，增强艺术魅力。玻璃的透光性使其成为夜景观处理上的难点，对于大玻璃幕墙建筑，内透光则更能显示出建筑的晶莹剔透（图 3-14：某建筑的内透光）。

（三）夜景观的"软硬兼施"

夜景观中的光亮与光色属软质景观，而灯具则属硬质景观，"软硬兼施"是夜景观的重要特色。灯光可"软"至与任何景观本体"亲和"，这是其他软质景观所没有的特点；而作为硬质景观元素的灯具，其体积虽小，却在与人有触媒作用的城市界面中无所不在。利用灯具的这些特点，将城市文化内涵融入灯具的造型，这样灯具就会因"小"见"大"，从而产生对城市理念的传达作用。灯具对城市特色的塑造不是以体量取胜，而在于对景观寓意的反复暗示，在于对"细微处"所见之"精神"（图 3-15：汉口江滩采用的灯具）。

三、城市夜景观的文化性、时代性塑造

夜景观也要有"文化"！这并非哗众取宠。夜景观的实质——灯光艺术，其本身就属于文化大家族中的一个成员，下面几点足以为证。第一，光亮的光晕、色彩变化的合理组织，使观者产生一定的联想与发挥，不同文化

图 3-14　某建筑的内透光　（新浪网）

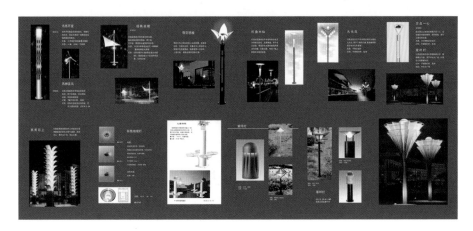

图 3-15　汉口江滩采用的灯具　（周倜 绘制）

底蕴的人对此有不同的感受与解读，因此"联想"是反映文化积淀的"联想"，而"发挥"则是重构文化内涵的"发挥"。前文所述的武汉龟山计谋殿的夜景观便是最好例证。第二，城市夜景观可采用一些隐喻的手法来表述城市理念，如56盏灯代表56个民族，九簇光束代表"九头鸟"等，类似的方法使光亮的物质景观具有一定的文化属性，也使光亮的物质景观向文化景观升华。第三，将所在城市或地域的某些文化图腾组织到灯具造型设计中，会强化城市的文化识别。

亮化也要为城市的时代表达服务。在众多的城市夜景观作品中，为表达城市的风格与特色，设备厂家创造性地将现代高科技的声、光、电、动、色融合，使城市夜景观明显带上高科技色彩。像光学运动型的礼花灯具、光学变幻与机械运动结合的激光灯具、使用太阳能的绿色灯具、能根据车流及人流调节亮度的"聪明"灯具及运用纳米反光技术的灯具等。城市景观的时代性主要表现在技术创新方面，高、新、尖的技术与城市夜景观的结合，给夜景观打上了鲜明的时代烙印。这便是夜景观的时代性特点。

第四章　广场工程景观的乡土营造理论

第一节　乡土石作景观研究

一、乡土石作景观及其当代意义

所谓乡土石作景观即具有工程、工种、工艺性质的民间石作及其呈现出的形式、风格、审美愉悦等工程景观内涵,是乡土石作与石景叠加的总和。乡土石作景观强调的是以民间工艺为主导、以石作为对象构筑的交通、防御、生活、生产等设施所产生的景观效果。该种做法若与现代公共空间设计结合,则不仅能丰富现代景观创作手法,同时也能更好地体现开放空间的景观地域性。

在景观地域性流失的今天,遵循乡土石作景观的方法营造现代景观也是保持与创造景观特色的有效途径之一。事实上,一些优秀的建筑师、风景园林师一直是用乡土的语言来弘扬与传承地域文化甚至形成自身的风格与特色的。如赖特(Frank Lloyd Wright)就是乡土石作景观的运用大师,其在西塔里埃森(Taliesin West)的设计中便大量运用乡土石作的墙体与木构质感的桁架穿插、交替,与亚利桑那州斯科茨代尔(Scottsdale,Arizona)的沙化及石漠化的环境有机配合、天然耦合(图4-1:西塔里埃森的乡土石作);再如Tiom 和 Tuomo Suomalainen 兄弟设计的赫尔辛基岩石教堂(stone church)(图4-2:岩石教堂内景),利用山体开挖出的圆形的、内壁凹凸的自然外表,山石中渗出的泉水在其间自然流淌,除顶盖采用全新的中心发散式的玻璃格构外,其余乡土石作景观的做法被发挥得淋漓尽致。乡土石作景观在此不仅体现了建筑特色、延续了地域文化、营造出了对空间的异样体验,也成就了建筑师的名望与地位。为此,我们需要向民间匠师、传统工艺、传统技

图 4-1　西塔里埃森的乡土石作　（Don McClintock 摄）

图 4-2　岩石教堂内景　（曹辉 摄）

术等学习,在深化我们对乡土石作景观了解的同时,还让更多的设计师从乡土文化中获益。

二、黔中地区乡土石作景观考察与分析

为了更好地掌握与运用乡土石作景观,我们选择黔中地区的青岩古镇、

镇山村和天龙屯堡进行了实地调研。并对其乡土石作景观的砌筑方式、面材组织、加工工艺、形式与布局进行了分析总结。

（一）小尺度不规则的面材组织方式

三个村寨的铺地与墙体的石材面料组织均有小尺度、不规则的面材使用特点。

石作铺地主要运用于道路与入户空间中，其石材面料的尺寸大小存在着与道路等级相匹配的规律。即村寨主路与重要场所运用的块面尺寸较大，约为 1000 mm×300 mm；次要街巷道运用的块面尺寸较小，平均为 500 mm×200 mm。其面材组织方式大致可分为以下 3 种（表 4-1：园路等级与面材组织方式）。

（1）规整式：一般用于村镇主路。主要选用 900 mm×300 mm 左右的大而规整的石板，采取横向交错、纵向交错、纵横相间的方式进行铺砌，故而外观规整有序，并适合于人流量大的公共场所。

表 4-1　园路等级与面材组织方式　（罗雄 编绘）

分类	路宽/m	材料	尺度/mm	色彩	组织方式	类型	示意图
一级园路	7~8	石板	1000×300	青灰色	横向交错	规整式	
			800×250		纵向交错		
			纵向：600×300 横向：800×300		纵横相间		

续表

分类	路宽/m	材料	尺度/mm	色彩	组织方式	类型	示意图
二级园路	3~4	碎石片	250×250	青色	冰裂纹	自然式	
		石板、碎石片	石板:550×300 碎石片:250×250	青灰色	混合	混合式	
三级园路	1.2 ~ 1.5	石板、砾石	石板:(500~600) ×(200~800) 砾石:60×60	灰色	混合	混合式	

（2）自然式：一般用于次级村镇道路或入户小道上。主要采用 250 mm 左右块径的杂料碎拼铺砌，块石之间的缝隙一般为 10~20 mm，用黏土填实。其石料选用随机，组织形式自由。

（3）混合式：一般用于村镇中的次要道路。采用大与小、整与碎的对比方式进行铺砌。尺寸为 500 mm×300 mm 左右的规整板材位居中间，250 mm 左右块径的不规则石材则填充两边；另外还有采用（500~600）mm×（200~800）mm 的大而规整的石材位居中间，60 mm 左右块径的小碎石材填充两边的方式。这样可形成符合步行规律，主次分明而又丰富多样的景观效果。

上述铺砌的板材均为手工截取，表面平整度远较机械切割为低，但其肌理呈现出的朴素的韵味却为机器切割不可比拟。

黔中地区的乡土石作墙体呈现出段落式的组织特点。所谓段落式即用尺寸大致相仿的块材砌筑出同一肌理的墙体，而黔中地区的石作墙体有时会同时采用多种不同尺寸的石材进行段落式的拼砌（表 4-2：段落式与面材组织方式）。

表 4-2 **段落式与面材组织方式** （罗雄 编绘）

类型	用途	高度/m	分段	材料	尺寸 分段/m	尺寸 材料/mm	色彩	方式	示意图
一段式	堡坎	1.2~1.7	一段	粗条石	1.2~1.7	1000×250	中灰	错落	
				细条石		500×50			
	防御性墙体	3	一段	大石块	3	600×300	中灰	叠加	
				细条石		700×70			
两段式	围墙	2.2	上段	砾石	1.2~2.2	100×50	深灰	叠加、错落	
			下段	细条石	0~1.2	500×50	中灰		
三段式	围墙	2	上段	细条石	1.6~2	500×40	浅灰	叠加	
			中段	粗条石	0.4~1.6	800×300			
			下段	细条石	0~0.4	500×50			
		2.3	上段	石砾	1.7~2.3	100×50	深灰	叠加、错落	
			中段	大石块	0.4~1.7	500×400	浅灰		
			下段	粗条石	0~0.4	600×100	中灰		

（1）一段式：主要用于堡坎和防御性墙体，因其需有较强的承重性和稳固性，一般采用 600 mm×300 mm 左右的大条石作主材，700 mm×70 mm 左右的细条石作修饰。面材组织层层叠压错缝，规整、严谨又富有变化。

（2）两段式：多见于分户围墙，其下段一般采用 500 mm×50 mm 左右的细条石层层叠压错缝，而上段以 100 mm×50 mm 左右的小石砾为主，拼接得比较随意、自然。两段之间由小石片衔接，形成一种由大到小、由整到碎的过渡效果。

（3）三段式：主要用于高大的围墙或建筑外墙中，其组织形式及其效果较两段式更为丰富。笔者见过的两例，一种是上、下段采用同样的 500 mm ×40 mm 左右的细条石砌筑，中段改变为 800 mm×300 mm 左右的粗条石错缝垒砌；另一种是下段采用 600 mm×100 mm 左右的长条石，中段采用 500 mm×400 mm 左右的大石块，上段采用 100 mm×50 mm 左右的小石砾来垒砌。

（二）具有手工特点的粗放式块材肌理

手工加工的石材与现代机械加工的平整度、规格尺寸、质感肌理是完全不同的。手工块材的尺寸与肌理因其工具限制，具有自然、粗犷、淳朴而又丰富的特点。黔中地区的乡土石作景观其取材、加工表现出以下 3 种形式（图 4-3：块材肌理对比）。

图 4-3　块材肌理对比　（万敏 摄）

（1）粗度加工：一般采用直接截取荒料的方式获得板材或块材，受加工工具和加工方式的影响，该类板块材一般保持一个面的粗平整，其余各面仅做去棱处理。即使是板块材的主面也留有凸凹不平的剁印，即每 100 mm 距离有 3 处或 4 处凿痕。该类石材多用于主路面，并与其他块材搭配使用。

（2）中度加工：在上述粗度加工基础上，用剁斧进一步平整主面，并大致形成一定规格的外观；有些块材还用工具作 20～50 mm 宽的粗磨收边。其表面呈较为粗糙的剁斧肌理，但整体具有一定平整度。该类石材多在主路上使用，形成简约而又大气的景观氛围。

（3）精度加工：在粗度或中度加工的基础上进一步对平整度及表面纹理进行加工处理，有些甚至做粗磨抛光。精细加工的方法还有在主面作绳纹或麻点剁斧处理，形成整齐有序的肌理。该种面料主要用于较为重要的公共场所，如祠堂、商业街。

（三）符合结构规律的块材适配式砌筑方法

黔中乡土石作景观还呈现出符合砖石结构规律的一些特点。下列 5 种砌筑方式是在案例考察中有所表现的。

（1）下大上小的砌体组织方式：墙体下段使用尺寸较大的石材，上段采用尺寸较小的石材以保持结构稳定（图 4-4：下大上小的砌块组织）。

（2）金角银边的处理方式：该手法多用于墙头、墙角、门洞、窗口等石作部位。即在上述部位的转角用规整块石加强，以达到强调、塑形、收口的目的（图 4-5：金角银边的砌块组织）。

图 4-4　下大上小的砌块组织　（万敏 摄）　　图 4-5　金角银边的砌块组织　（万敏 摄）

（3）错缝搭接的组织方式：错缝与搭接是黔中地区乡土石作遵循的重要规律。在墙体砌筑时，上块、下块的搭接长度一般为砌块长度的 1/3 到 1/2 大小（图 4-6：错缝搭接的砌块组织）；墙角处更用整石纵横交错布置，以保证相互拉结牢固。

（4）面整内杂的组织方式：墙体外表一般采用较规整的石块砌筑，碎石则填充其间，为保证墙体稳定，还采用一些丁型条石砌筑。

（5）整石与片岩相间的组织方式：该种砌法具有一定的结构稳定性，同时还能节省价值较高的整石的使用量，故而在黔中地区的农宅墙体中经常见到（图 4-7：整石与片岩相间）。

（四）就地取材、量力而行的石材利用方式

黔中地区的石作景观强调就地取材，而块材的大小又是以人为本、量力

图 4-6　错缝搭接的砌块组织　（万敏 摄）

图 4-7　整石与片岩相间　（万敏 摄）

图 4-8　石材的人力尺度

而行的。

（1）符合人力搬运条件的块材尺度：当地村寨的建设石材尺度一般最大不超过 1000 mm×400 mm×300 mm，按当地的页岩密度 2.5～2.6 kg/m³ 计算，其重量约为 300 kg，通常 4 位成年男子便能搬动；而大多石材仅按 1 人或 2 人能扛动的标准确定大小。因此，石材开采的取料是符合人工搬运条件下的人力行为特征的（图 4-8：石材的人力尺度）。

（2）符合地质地貌特点的块材形态：由于当地属于典型的喀斯特地貌，其肌理都呈现层岩特征。因此，村寨中所使用的石料也表现出与当地山石环境相同的层岩特征（图 4-9：与地质特性相同的地材）。

（3）与地理特征统一的砌体颜色：石料砌体就近取材，其色泽与当地环境高度统一，故而，村寨建筑与景观之材料、色彩犹如自然生长出来的一般。

图 4-9　与地质特性相同的地材　（万敏　摄）

（五）粗放的塑形与精心的设置

在黔中地区的村寨中,随处可见一些看上去似乎随意,但又是经过精心设置的景观小品,其自然、粗犷、淳朴的形制与周围环境融为一体。笔者归纳总结出以下 5 类。

(1) 丰富而又粗放的休闲设施:村寨中很多农宅的门口都设置有一些由石块和石板搭建而成的坐凳,其取材自然、稍加雕琢,放置的位置也是根据人的生活喜好来布置的;同时因石头本身自然、拙朴的特性产生了一种贴近生活的美感(图 4-10:粗放的休闲设施)。

图 4-10　粗放的休闲设施　（万敏　摄）

(2) 自然而又稳固的防护设施:在村寨河边设置有起安全防护作用的石栏,同时还兼作休憩板凳。其石材打制粗放、结构稳固。另外,在堡坎落差处也常放置一些自然石块,起到警醒与防护的作用(图 4-11:自然的防护设施)。

图 4-11　自然的防护设施　（万敏 摄）

（3）精心而又巧妙的市政设施：村寨中的排水口、下水道、防火及防灾等市政设施皆用石材构建而成，其形制精心、巧妙。如在墙体的排水口处，采用突出墙面的形式，以防止长期流水对墙基造成的腐蚀；路面上的排水口采用铜钱造型，以合泉钱之意；台基两侧的下水道采用三块石板搭建，防止人掉入；用于消防的水缸，用整石打凿而成（图 4-12：市政设施）。

图 4-12　市政设施　（万敏 摄）

（4）随宜而又自然的石景组织：在村寨的街道与庭院中，随处可见一些由闲置的石块组成的石景，虽其形制自然、粗犷，但其摆放与排列的形式都在相应空间中恰到好处。它们的存在给人文环境增添了一些野趣（图 4-13：随宜的石景）。

（5）怡人而又质朴的绿化种植：村寨的庭院中设有若干种植台，由大小不一的石块搭建而成，其高度一般为 500 mm 左右，上面布置有盆栽，以形成怡人的庭院小景。另外，还有种植绿化与墙体相结合的方式，紧临墙体设有石块搭建的台面，做植物种植台的同时又可做坐凳之用（图 4-14：质朴的绿化）。

乡土石作景观源自石器时代，是人类文明发展历程中渊源最为深远的

图 4-13　随宜的石景　（万敏 摄）

图 4-14　质朴的绿化　（宁宇 摄）

一种景观类型。本节以具有山石人居环境典型性的黔中地区为标本，对其乡土石作景观进行剖析，其意义还可拓展至地理、地质环境类似，文化相仿的川、渝、滇、黔、桂北、湘西、鄂西北等地区。实际上在这些地区，从田园到村镇、从生产至生活、从军事防御工程至农田水利工程，乡土石作景观是无处不在，触目可及的。而其表现出的粗放、拙朴、原真与完整又与通识体系中的官式石作完全不同。乡土石作景观成为赋予该地人居环境特色的重要因子！

（本节写作得到宁宇的协助与支持，特致谢！）

95

第二节 乡土卵石作景观及其特征与形式分类解析

一、乡土卵石作景观释义与意义

卵石是岩石经自然风化、水流冲击和摩擦所形成的卵形、圆形或椭圆形的表面光滑的石块[①],虽然作为一种天然的建筑材料,早已在中国园林中得到广泛应用,但其本源还是离不开幅员广阔的乡土民间(图 4-15：坎下村乡土卵石作滨水层台)。借助乡土石作景观的概念给予延伸[②],我们认为所谓乡土卵石作景观便是具有工程、工种、工艺性质的民间卵石作,及其呈现出的形式、功能、营造、风格、审美愉悦等景观内涵,是乡土卵石作与卵石景的叠加。结合狭义乡土景观的语境[③],意指利用民间历史传承的手工技艺建造而成的,具有大规模重复利用特征的卵石构筑之石景的统称。全球化带

图 4-15　坎下村乡土卵石作滨水层台　（万敏 摄）

---

① 单基夫,徐惟诚. 不列颠百科全书·国际中文版[M]. 北京:中国大百科全书出版社,1999:
13-106.

② 马瑞坤. 恩施州乡土石作景观研究[D]. 武汉:华中科技大学,2013.

③ 孙新旺,王浩,李娴. 乡土与园林:乡土景观元素在园林中的运用[J]. 中国园林,2008(8):37-40.

来的"千篇一律"不仅感染了城市，也正在向乡村渗透，乡土景观与城市景观一道正在经受特色消失的考验。因此，重新认识卵石这一乡土材料，发掘其选材、建造、功能与风貌等方面的景观内涵，对弘扬地方特色、传承其物质与非物质文化遗产、丰富当代景观规划设计手法以至充实美丽乡村建设内涵等均具有极为重要的意义。

二、乡土卵石作景观的分类与特征

乡土卵石作景观根据其工程性质、应用功能、材料尺度、组织形式的不同而有不同的分类（表 4-3：乡土卵石作景观分类总览）。根据建造的工程的性质可分为基础工程、饰面工程、墙体工程、沟渠工程、水坝工程、坡岸工程等；根据卵石的分布、排列、垒砌的组织形式我们还可将其划分为图案式、结构式、均匀式等；根据卵石的材料尺度有超大料、大料、中料、小料、细料等之分；根据卵石建造对象应用功能的不同可分为铺装、墙体、堡坎、小品等。在下文的叙述中我们将以乡土卵石作景观呈现的组织形式内涵作为分类解析的依据。

表 4-3　乡土卵石作景观分类总览　（秦训英 绘制）

1. 工程性质分类特征与适用范围

工程性质	特色范围		
	案例举证	性质特色	适用范围
基础工程		承上启下、传递重力，大料为骨、小料填充	堡坎、护坡、拱坝等以下填土掩埋的扩大部分
饰面工程		规则分布、注重美观	主要用于地铺及其图案，鲜见于墙面
墙体工程		大小搭配、肌理均匀，楔形挤实、受力传递	房屋墙体、围墙、堡坎

97

续表

工程性质	特色范围		
	案例举证	性质特色	适用范围
沟渠工程		大料为骨、小料填充,干式砌筑、疏于防渗	引水渠、溪流驳岸、宅前宅后排水
水坝工程		拱顶迎水、受力合理,大料为骨、干式砌筑	溪河滚水坝
坡岸工程		冲刷防护、亲水构筑	卵石滩、护坡、码头

2. 应用功能分类特征与应用范围

应用功能	特点范围		
	案例举证	主要特点	应用范围
铺装		追求美观、注重平整	道路、公共场所、庭院、入户口、园林地铺
墙体		厚重朴实、冬暖夏凉	房屋承重墙、围墙、墙基、场坪边坎
堡坎		防护固土、稳定人居	边坡、码头、水坝、河流护岸、梯田与场坝挡土墙
小品		因地制宜、服务于民	护栏、树池、椅凳、置石、路缘石、障挡等

续表

3. 材料尺度及其分类与应用范围

材料尺度	区间范围		
	案例举证	尺寸区间/mm	应用范围
超大料		大于 500	置石、小品、滚水坝、堡坎、驳岸、基础
大料		250～500	堡坎、护坡、沟渠、基础、地铺
中料		150～250	墙体、基础、地铺
小料		50～150	地铺、图案、波导线
细料		小于 50	地铺、图案

4. 组织形式分类与小类

形式小类	组织形式		
	案例举证	风格特点	形式类别
图案式		卵石大小各异、注重秩序对比、细腻而视觉丰富	单独纹样、适合纹样、连续纹样、独幅式图案
结构式		兼顾力学原理、科学合理、自下而上由大到小	下大上小、金角银边；楔形砌筑、网纹构造；中料承重、小料夹塞、平铺挤紧、纤泥坐实
均匀式		形状大小统一、轮廓分明、大规模应用、视觉流畅	取料统一、视觉规整；有序排列、和而不同；粗中有细、强调重点、营造焦点

99

在考察乡土卵石作景观时,我们发现其呈现出以下 4 个方面的共同特征。

1. 依托河源、取材便利

卵石因为山石环境的河源地而生[①],其生成尺度与距河流源头的距离、山石矿物成分有密切关系。一般而言,距大落差山石环境的河流源头越近,卵石粒径越大;随着河流的渐行渐远,卵石粒径亦逐渐变小。由于靠近河流的山地环境一般也适宜人们居住,故而唾手可得的卵石顺理成章地成为河源周边一定范围内滨水居民的重要建筑材料,这在水量丰沛,且具有山石环境特征的我国东南、西南地区尤甚。

2. 个体圆润、和而不同

卵石经水流长期作用与自重滚落摩擦,其表面大多光滑圆润,这是卵石个体的共性特点;由于山石环境的河源地的物质构成、地质成因及水流冲击影响各不相同,这赋予卵石在大小、形状、色彩、光泽、纹理等方面的丰富多样,也使乡土卵石作景观表现出一定的地方个性,故而乡土卵石作景观又是因地而异、和而不同的。

3. 根植于民、自成一体

通读《周礼·考工记》与宋《营造法式》难觅卵石作景观的踪影,但考古学却证明在人类曾经历过的新、旧两个石器时代中卵石作为工具与建筑材料的事实[②]。即使在《园冶》中,卵石亦被认为是"宜铺于不常走处";而在礼仪性场所的运用,至多是厅堂地铺中的小块拼花性质的"八角嵌方,选鹅子铺成蜀锦"[③]。故而具有遍在性资源特点的卵石虽早已纳入人居环境营造者的视野,但因其感观的"非正规性"而一直难在正规场所大展身手。因此,卵石作从来就与"乡土"有缘,其工艺根植于民且又广泛地应用于民,并在民间形成富有传承的文化景观体系。

4. 经久适用、价廉物美

卵石作为大自然"千锤百炼"的精华,无疑具有抗压、耐磨、耐腐而又质

---

① 单基夫,徐惟诚. 不列颠百科全书·国际中文版[M]. 北京:中国大百科全书出版社,1999:7-249.

② 裴文中. 中国石器时代的文化[M]. 北京:中国青年出版社,1955.

③ 计成. 园冶注释[M]. 陈植,注释. 北京:中国建筑工业出版社,1988:197-203.

地坚硬的特点;卵石的蓄热系数大、感应气温变化的惰性延迟时间长,故而用卵石构建的人工环境是冬暖夏凉的;卵石粒径变化大,故能针对有不同尺度要求的景观对象"大材大用"甚至"小材大用",而颗粒状的卵石用在曲折随宜的乡土环境中,更会免去板材切割与拼接的烦恼。这些均属乡土卵石作景观经久适用的方面。与诸如美国、加拿大、俄罗斯、澳大利亚等世界其他国家相比,我国的地形地貌可谓是山高河阔、峰险水激,然而正是这种地理环境适宜卵石的发育、成长,卵石因价廉物美从而为"近水楼台"的居民所青睐,这也使我国的乡土卵石作景观以其功能齐全、种类多样、形式丰富、工艺完整、使用广泛而独步于世界文化景观之林。

三、乡土卵石作景观形式分类解析

虽然卵石作在我国古代与近现代园林中有广泛运用,其材料选用、图案拼砌、施工技术等内涵亦属行业领域的常识范畴,但我国关于乡土卵石作景观的研究却难以寻觅[1],故而我们利用互联网对乡土卵石作景观资源地进行摸查,尔后选取了湖南永顺县灵溪镇司城村,福建南靖县梅林镇官洋村、坎下村、璞山村,浙江富阳市龙门古镇,浙江温州市永嘉县苍坡古村、芙蓉古村、丽水古街这 8 个以乡土卵石作景观为主导的村镇进行实地调研,以图通过对其山石环境、选材用料、结构构造、肌理组织、图案纹样、使用功能、风貌特色等内涵的真实体验,把握乡土卵石作景观的组织形式规律,了解其组织形式方面优秀的文化遗产内涵。

(一)图案式

本文语境所指图案是乡土卵石作景观外在的纹饰、纹样和色彩[2],它往往是设计者和匠师通过夸张、变化、象征、寓意等抽象的艺术语言,将物象外观结合卵石的材料、色彩和构造规律等的主观变形而具有的景观效果。乡土卵石图案拼砌作为乡土景观最具艺术表现力的形式之一,即使在《园冶》

---

[1] 在中国知网以"古村落、卵石"为词条搜索仅发现 2 篇文章,其中相关的仅有 1 篇,以"乡土卵石作""乡土卵石作景观"为词条搜索发现 3 篇文章。

[2] 辞海编辑委员会. 学生辞海[M]. 青苹果数据中心制作,2003:3104-3105.

中亦受推崇。

　　根据实地调研所掌握的情况,乡土卵石作景观图案一般以地铺为绝对主导,笔者还未发现在砌体立面表现图案的做法[①];主要因为光滑圆润的卵石一般需靠自身挤实的方法达成稳定,以纤泥为主的乡土粘接材料因粘接力的不足而难于满足卵石的壁立要求,这便是其在垂直平面较少使用的主要原由。而乡土卵石作景观的地铺图案一般又以中、小、细料构筑居多,这在保证图案组织美观细腻的同时,也有表面平整的实际功效。

　　图案式乡土卵石作景观可分为单独纹样、适合纹样、独幅式纹样、连续纹样4大类,为便于读者系统认识与把握其构筑特点、组织方式与风貌等图案特征,笔者在表4-4中将其进行归并呈现。

表 4-4　图案式乡土卵石作景观分类总览　（秦训英 绘制）

大类	中类	小类	案例举证	组织结构	卵石尺度	地点
单独纹样	对称式	1.左右对称式			中料、细料	龙门古镇滨水地铺
		2.相对对称式			小料、细料	丽水古街休憩台铺面
	均衡式	3.涡形均衡式			细料	龙门古镇道路地铺
适合纹样	形体适合	4.直立式			小料、细料	龙门古镇衙门地铺
		5.辐射式			小料、细料	龙门古镇道路地铺
		6.旋转式			小料、细料	龙门古镇庭院地铺

――――――――――

　　①　虽然笔者穷力找寻乡土卵石作立面图案而未有所得,但在仙居新闻网的非物质文化遗产馆网页上发现有此做法的描述,http://www.rjxj.com.cn/Museum/N/83602.shtml。

续表

大类	中类	小类	案例举证	组织结构	卵石尺度	地点
适合纹样	形体适合	7.转换式			细料	龙门古镇道路地铺
		8.重叠式			小料	龙门古镇道路地铺
		9.均衡式			细料	芙蓉古村入口地铺
		10.对称式			小料、细料	培田古村入户地铺
	边缘适合	11.散点式			小料	龙门古镇广场地铺
		12.连续式			细料	龙门古镇入口祠堂地铺
		13.均衡式			小料	龙门古镇庭院地铺
		14.角隅式			小料、细料	凤凰古城道路地铺
	角隅适合	15.对称式			细料	龙门古镇工部入口
					细料	龙门古镇庭院地铺
		16.均衡式			细料	丽水古街休憩台地铺

大类	中类	小类	案例举证	组织结构	卵石尺度	地点
连续纹样	二方连续	17. 散点式			小料、细料	凤凰古城道路地铺
		18. 垂直式			小料、细料	凤凰古城水坝边道路地铺
		19. 水平式			小料	前童古镇巷道地铺
		20. 倾斜式			细料	前童古镇道路地铺
		21. 波纹式			细料	前童古镇主要道路地铺
		22. 折线式			小料、细料	前童古镇道路地铺
		23. 开光式			小料、细料	徐岙底古村庭院地铺
		24. 一整二剖式			细料	桥西村大院门口卵石
		25. 重叠式			小料	前童古镇道路地铺
	四方连续	26. 综合式			小料、细料	廉村古堡道路地铺
		27. 条纹式			小料、细料	前童古镇道路地铺

续表

大类	中类	小类	案例举证	组织结构	卵石尺度	地点
连续纹样	四方连续	28.波形连缀			细料	箬岙古村道路地铺
		29.菱形连缀			小料、细料	箬岙古村道路地铺
		30.阶梯连缀			小料、细料	前童古镇道路地铺
		31.分割连缀			小料、细料	培田古村道路地铺
综合纹样	综合式	32.方形综合			小料、细料	前童古镇道路地铺
		33.条形综合			小料、细料	培田古村道路地铺

综合表 4-4,可归结出图案式乡土卵石作景观有以下 4 方面的特点。

(1)拙朴顽蛮:图案根据材料特性的不同而有编织、模纹、雕刻、印花、拼砌等之分,乡土卵石作景观图案无疑属拼砌类别。不像其他拼砌材料的中规中矩,卵石与生俱来的顽蛮个性使其所构图案成为最具拙朴野性的一种。像丽水永庆古桥边的七星花图案铺装,体型大致相似的 7 块卵石围绕中间不规则的花蕊布局(图 4-16:七星花图案结构示意图),虽然其轴心放射的形式规律还相当严谨,但卵石自然的形体差异却使图案拙朴顽蛮。

(2)耐破坏性:卵石拼砌图案需要有较好的耐候性能;此外,乡土环境中的卵石作景观图案还需经受频繁交通的碾压摩擦与日常生活中的重敲锤击。故而相较于其他类别的图案甚至同类别的拼砌,乡土卵石作景观图案更具耐破坏性特点。例如南靖官洋村和贵楼内的入口厅堂中的卵石地铺，点缀当中的几块形体较大的卵石已是伤痕累累甚至龟裂破损，但作为构图核心其依然坚守。在此，"宁可玉碎、亦能瓦全"的乡土特质与传统贵族文化精神形成强烈对比。据了解，这些"千锤百炼"的顽石也是土楼内居民修复工具、砍劈重物的砧石（图 4-17：和贵楼入口）。

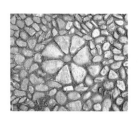

图 4-16　七星花图案结构示意图　（秦训英 绘）

图 4-17　和贵楼入口　（万敏 摄）

（3）多样性：在通常的图案学分类中，其小类一般不超过50 种[①]，而我们

---

　① 吴淑生，邱福荫，李凤书，等. 图案设计基础[M]. 北京：人民美术出版社，1986：126-188.

调研得到的乡土卵石作景观图案就有 30 余种小类之多,占图案学小类总数的五分之三,故而乡土卵石作景观图案是丰富多样的。

(4)地方性:不同地区河流的水文地质特点造就了形态各异的卵石,这使乡土卵石作景观图案也呈现出一定的地域差别。如喀斯特环境的湘西老司城距其所傍灵溪河的源头约 56 km,离源头较远的距离造就了形体不大的卵石,用其所铺设的图案也呈现出均匀细腻的特点;而火山岩环境的闽南梅林镇官洋村距其所傍船场溪的源头约 34 km,石质坚硬的花岗岩与离河源地不够远的距离使该地卵石留有初始发育阶段的多面体石形与"块头"硕大的特征,用其建造的乡土卵石作景观图案便具有了粗犷质朴的特点。上述风格迥异的两例便是对乡土卵石作景观图案地方性最好的诠释(图 4-18:老司城和梅林镇图案风格对比)。

图 4-18 老司城和梅林镇图案风格对比 (万敏、秦训英 摄)

(二)结构式

所谓结构式乡土卵石作景观,是指卵石砌筑时形体相互配合、挤实从而形成有稳定力学传递关系的外观肌理形式。

根据笔者调研掌握的材料,结构式乡土卵石作景观一般以墙基、堡坎、边坡、水坝等重力式或拱坝式结构体为主,这弱化了类似灰浆、黄泥等粘接材料的作用;其卵石一般又以大料、超大料居多,故也可减少砌体材料组织琐碎的烦恼。相对于形体规则的块石,光滑圆润的卵石在压力传递方面更需施工技巧,而浙江宁海县双峰乡榧坑村的万年桥则堪称结构式乡土卵石作景观之一绝(图 4-19:万年桥)。这是一座采用其自身所跨越的大松溪的卵石构筑的石拱桥，该桥全长 34 m、跨径 18 m、宽 4 m、高 10 m，通体无任何牵拉粘接材料。桥梁仅起拱部位采用方石，其余部分均用大料卵石楔形构筑，为保证卵石结构体稳定，桥梁横断面采用了上小下大的梯形形式。

图 4-19　万年桥 （梦游牛 摄）

结构式乡土卵石作景观又可分为上小下大式、楔式、互助自稳式、综合式 4 种，为便于读者系统认识与把握其特征，笔者将其归并展现于表 4-5 中。

表 4-5　结构式乡土卵石作景观分类总览 （秦训英 绘制）

类　别	案例举证	组织结构	卵石尺度	案例地点
上小下大式			超大料、大料、中料	苍坡古村居民房屋墙体
楔式			超大料、大料	苍坡古村居民房屋入口围墙
互助自稳式			大料、中料	梅林镇河边石挡
综合式			超大料、大料、中料	坎下村居民房屋围墙

综合表 4-5，可归结出结构式乡土卵石作景观以下 3 方面的共同特点。

（1）尊重力学、相互借助：结构式乡土卵石作景观的任何小类均符合一定的结构原理与力学规律。如上小下大式乡土卵石作景观，其下部采用坚实、厚重的大料或超大料砌筑，上部则用相对松散的渐小卵石料，如此安排可使砌体重心低垂而利于结构总体稳定。调研中最为常见的卵石砌筑方式则是楔式，多面体卵石以菱形相互楔入，从而利于不规则卵石将上部压力与自重更好地向两侧下方传递卸解。而互助自稳式则更多用于卵石置石景的组织中，大小不同的卵石相互支撑、扶助达成平衡。综合式为上述三者的结合运用。

（2）大料承重、小料夹塞：以大料、超大料为主的砌体因卵石形体的不规则会产生很多较大的空隙，匠师一般会用中小料卵石进行填塞、垫实，为保证卵石体的稳定踏实，在砌筑时，匠师还会用大号木槌敲击震动以确保大小料传力的均匀稳定。其间填塞的黄泥灰浆主要作用为堵缝，而无太多力学功能；有些水利坡岸、坝体甚至采取完全不用灰浆的干砌方式建造，这突显了大料、小料配合的力学性能（图 4-20：梅林拱坝）。

（3）砌体为主、厚重接地：结构式乡土卵石作景观是卵石叠砌形成的外观组织形式，而具有松散特质的卵石在砌筑时需要一定厚度才有稳定保障，故而卵石砌体一般多作为宽厚的墙基而难用于较薄的墙体；其更适宜的运用则是作为堡坎、边坡等一些不受截面厚度限制的重力式挡土墙与压脚护坡，这些结构体为保持平稳，一般均需较大面积地借助并依附地基，这使结构式乡土卵石作景观具有了砌体为主、厚重接地的特点（图 4-21：坎下村堡坎）。

图 4-20　梅林拱坝　（万敏 摄）

图 4-21　坎下村堡坎　（万敏 摄）

（三）均匀式

所谓均匀式乡土卵石作景观是指各种尺度的卵石的分布和分配在数量、空间上间隔大体一致所呈现的统一协调的外观肌理形式。

均匀式乡土卵石作景观一般以地铺、砌体为主。其卵石构成既可通过大小一致、方向趋同的组合来体现均匀，也可通过大小一致、方向随机的方式体现均匀，还可将大小不一的卵石进行随机或单元规律性地组合使其整体协调而体现均匀感。均匀式乡土卵石作景观无疑是不受材料限制、组织灵活随机而又最为通常使用的建造方式，如此做法不仅减免了材料分级配料的工序，也使所有卵石材料均可充分发挥作用而无废料。

均匀式乡土卵石作景观又可分为单向均匀式、自由均匀式、搭配均匀式、单元均匀式 4 种，为便于系统认识与把握其特征，笔者将其归并展现于表 4-6 中。

表 4-6　均匀式乡土卵石作景观分类总览　（秦训英 绘制）

类　别	案例举证	组织结构	卵石尺度	案例地点
单向均匀式			小料、细料	龙门古镇砚池边道路地铺
自由均匀式			小料、细料	官洋村狭窄巷道路地铺
搭配均匀式			中料、小料、细料	司城村堡坎
单元均匀式			小料、细料	司城村道路地铺

综合表 4-6，可归结出均匀式乡土卵石作景观有以下 3 个特征。

（1）适应乡土：乡土环境一般遵循自然、曲折随宜，颗粒状卵石及其均匀式组织方式对此无疑具有高度的适宜性。像梅林镇璞山村的步行卵石地铺主道便是顺应地势变化而蜿蜒铺就的，搭配均匀填塞其间的大小不一的卵石，对复杂边界与环境无疑具有良好的适应与配合。

（2）物尽其用：在人居环境营造中，卵石材料的形体差异是最具变数的一种，而乡土材料粗放的获取方式更使这些形体各异的卵石大小杂陈、难以分离。均匀式的卵石组织方式则使充满变数的卵石个体差异通过数量与空间间隔重现的手法达成视觉统一，从而选择性地"忽略"了材料劣性，并使各种存在差异的卵石能被充分利用，不存废料。

（3）粗中有细：虽然乡土卵石建材的"生产"粗放，但在均匀式的材料铺砌组织过程中，匠师会根据目测来将不同尺度的卵石大致归类并配合使用，从而使大小不同的卵石均能发挥其"块头"之功效并总体达成视觉统一效果。另外，在经济可能的情况下，匠师还会采用不同目径的网筛由小至大"过滤"卵石，从而产生各种尺度相对统一的卵石产品，以便均匀组合使用。这些均是均匀式乡土卵石作景观粗中有细的表现。

（本节写作得到秦训英、李梅的协助与支持，在调研过程中得到司城村祖师殿沈先生、向师傅，龙门古镇景点发展规划办孙主任、孙庆梅，丽水古街汤师傅，芙蓉古村陈明，苍坡古村李先生，官洋村的简师傅、简成老师等各界友人的不吝赐教，特致谢意！）

第三节　乡土卵石作景观及其现代设计运用

一、乡土卵石作景观的实践与运用发展简述

卵石因山石环境之河源地而生，故其顺理成章地成为河源地以下一定范围内滨水居民的重要建筑材料，这在我国水量丰沛且同属山石环境的东南、西南地区尤甚。而其中品位独特、营造考究、类型多样、分布密集、富有传承的则非浙、苏、闽三省莫属。故而当代最为鲜活、真实，且又为数众多的乡土卵石作景观便存在于拥有卵石资源的广大乡土民间。

虽然对于我国古代先民何时开始使用乡土卵石作景观还不甚清晰，但人类经历过的旧、新两个石器时代可充分证明其驾驭石材的能力，故而唾手可得的卵石很早便为我们的祖先所用，这是可合理预判的。《园冶》是我国第一部涉及卵石作景观内涵的著作。然而，即使在该书中，卵石亦被认为是

"宜铺于不常走处"的"另类",故而具有遍在性资源特点的卵石,因其感观的"非正规性"而一直难登大雅之堂。因此我国的卵石作自古以来就与"乡土"有缘,其工艺根植于民且又广泛地应用于民,并在民间形成富有传承的文化景观体系。当我们将视野聚焦于我国山石环境的沟谷溪涧,可发现这是一个充满乡土卵石作景观的宝库;从自然到人工、从生产到生活、从田园到村镇,乡土卵石作景观无处不在、触目可及。

我国广泛运用乡土卵石作景观的另一大传统且主导的领域便是园林工程。包括卵石地铺及拼花、卵石护岸、卵石滩景、卵石置景、卵石点景等材料与工艺内涵,该方面因被风景园林行业广为熟知,我们拟不展开赘述。

早在1950年就有甘肃张掖地区的专员公署出版的《卵石、草皮和植树护渠的经验》为我国水利部门力荐推广[①],从1949年直至1966年,我国曾有过发动全民大兴农田水利建设的辉煌时代。在"以蓄为主、小型为主、社办为主"的"三主"建设方针指导下,近水楼台的卵石被用于建设小支流及田坝上的卵石护坡、卵石滚水坝、卵石沟渠、卵石梯田等农田水利设施。这种依靠民间、因地制宜的精神延续并丰富了乡土卵石作景观的内涵,也使我国乡土卵石作景观在河畔、田间等乡土景观中留下更多烙印。而今,在十八大提出的以生态文明建设为核心的思想指导下,卵石笼、卵石格网、卵石格栅等护坡与护岸技术近些年已在水利工程建设领域被主动接纳并推广运用,生态观念开始在水利领域扎根,地域精神也相应得以延续。

乡土卵石作景观在建筑领域,尤其是在江南城市与乡村的传统民居建筑中的运用极富渊源。像始建于清代雍正十年(1732年)的福建南靖县梅林镇怀远楼(图4-22:福建南靖县云水谣怀远楼),其建筑墙基、散水、堂屋地面、内庭铺装甚至水井、室外晒场全都用不同尺度的卵石构筑,此类运用在一些江南城市民居的天井庭院中亦不鲜见。而在当代,也有"格格不入"的建筑师不随市场的喧嚣起舞,他们沉淀心情、专注如一并斩获成功。正像齐白石专注于画虾、徐悲鸿专注于画马、密斯专注于玻璃与钢材的结合、王澍专注于将废砖弃瓦贴于现代建筑墙面而成为大师一样,在乡土卵石作景观

---

① 甘肃省张掖专员公署水利局. 卵石、草皮和植树护渠的经验[M]. 北京:农业出版社,1958: 2-27.

图 4-22　福建南靖县云水谣怀远楼　（万敏　摄）

的建筑设计运用方面,也有一位执着的探求者,那便是清华大学的李晓东。其深耕云南丽江世界文化遗产地,那里也是卵石的盛产地,探索着包含乡土卵石作景观在内的民族文化、传统工艺、地方材料等与现代空间、材料、技术的结合,试图通过对环境、社会和建筑保护的根本理解来诠释丽江的乡土建筑。其后他又在我国另一与福建土楼世界文化遗产地咫尺之遥的卵石资源地——福建平和县下石村,将一所小学用"桥"的形式架设于一条小河之上,来联系被水分割且居民有历史恩怨的两座土楼(图 4-23:福建平和县桥上书屋),以卵石堡坎为基,衔接土楼原有卵石场坪的"桥上书屋"成功地激发、复活了乡土环境的人气与和气,并因此收获了包含阿卡汉建筑大奖在内的 3 个国际奖项①。此外还有诸如马清运、张永和、吴恩融等建筑师,他们将乡土卵石作景观积极结合运用于现代建筑,其中也有上乘佳作。

　　由于人类共同拥有旧、新石器时代的发展历程,国外乡土卵石作景观跟中国一样,甚至更为丰富精彩。早在公元前 3000 年,古希腊爱琴海西南部的提洛岛(Delos)神庙便开始使用卵石地铺;而古罗马时期的维苏威火山周边

---

① 司马蕾. 桥上书屋,下石,福建,中国[J]. 世界建筑,2011(5):42-43.

图 4-23 福建平和县桥上书屋 （谢阳 摄）

的溪谷布满了大大小小的初始发育阶段的卵石，"块头"硕大的卵石被用来
建设庞贝古城（Pompeii）和赫库兰尼姆古城（Herculaneum）的街道和墙体
（图 4-24：庞贝古城街道和墙体），而多彩的小卵石则常用于制作厅堂、浴室、
公共走廊等的马赛克壁画或地画。公元 79 年，维苏威火山大爆发，使庞贝古
城与赫库兰尼姆古城永远定格在那个大规模使用乡土卵石作景观的时瞬，
并使我们至今还能领略到近 2000 年前的乡土卵石作景观的精彩。此外，欧

图 4-24 庞贝古城街道和墙体 （smallcoho 摄）

114

洲的西班牙、葡萄牙、德国、瑞士等国也具有乡土卵石作景观的营造传统。这些国家的山地城镇常运用乡土卵石铺装街道,其风格纹样较意大利更多了一份精细、多彩、动感甚至浪漫(图 4-25:西班牙科尔多瓦卵石风格纹样)。另外,欧洲的卵石作景观不像中国"沉溺"于乡土民间,除类似凡尔赛宫廷园林里的经典运用外,卵石还被用来制作诸如罗马哈德良行宫、天主教堂与神殿中的壁画,也被用于铺装西班牙阿兰布拉宫的广场,还被许多世俗的浴池、街道、私人庭院等场所习用,故而欧洲乡土卵石作景观是雅俗共用的。这种艺术倾向也影响了土耳其甚至利比亚。某种意义上,当今欧美国家的卵石地景艺术、卵石壁画、卵石地画、卵石艺术把玩便是一种继承与延续。

图 4-25　西班牙科尔多瓦卵石风格纹样　(Ronda 摄)

　　无独有偶,与意大利一样拥有火山环境的日本也是一个盛产卵石的国家。由于日本属我国大陆架东延部的火山隆起地域,故而其卵石矿藏环境与我国浙、闽两省高度相似。卵石的自然质朴与个性顽蛮与日本人信奉的佛教禅意天然合一,卵石成为枯山水营造中的重要材料之一。

二、乡土卵石作景观时新设计运用拾萃

　　虽然乡土卵石作景观在我国传统与现代园林及建筑中有广泛应用,但除此之外的领域我们却不熟知。下面以时新手法为线索,重点对相关领域

的现代优秀运用案例进行考察，为便于读者了解近况，我们对"新、特"之案例有选择性偏重。

（一）卵石壁画与地画运用

所谓卵石壁画与地画，顾名思义便是在墙上或地上以不同色彩、光泽、大小的卵石为材料进行的具有唯一性的二维绘画创作。其源头可追溯至拜占庭帝国时期的教堂及宫殿中的马赛克壁画，甚至更早，这是一种用小卵石或贝壳、瓷砖、玻璃等有色材料在墙壁上或地板上组合图形的镶嵌艺术。而今这种艺术形式在教堂中已为诸如彩色玻璃、彩色陶瓷等其他材料替代，但却在欧美国家民间的私人花园中以卵石地画的形式得以再现。需强调的是，卵石地画与卵石拼花是有区别的，前者属绘画作品，是原创的且唯一的；而后者则为工艺装饰作品，具有规模化与重复运用特点。它们之间若有联系的话，就是卵石拼花中的独幅式图案是可以被视为卵石地画的。在当代，世界上有影响的卵石壁画家中便有美国的 Andreas Kunert 和 Naomi Zettl 夫妇。他们的作品一般运用不同色彩的较大尺度的卵石，结合室内外环境镶嵌组合而成，材料的个性顽蛮给人野性与质朴的感受，而肌理的规律流畅又赋予作品一种细腻与动感（图 4-26：Andreas Kunert 和 Naomi Zettl 夫妇爱情卵石墙）。在他们创作的不少卵石壁画中，卵石的色彩、肌理与图形被刻意地用交织、交互、交柔的关系进行表现，他们认为这还寓意他们之间的爱情。在美国还有一位痴迷于卵石的艺术家名叫 Jeffrey Bale，他继承了身为地质学家的祖父母对石头的挚爱，无论到哪里都热衷于收集卵石。他在

图 4-26 Andreas Kunert 和 Naomi Zettl 夫妇爱情卵石墙 （创意画报）

家乡俄勒冈州的波特兰创作了一系列具有波涛起伏与精致旋涡状背景的卵石地画，在其中可捕捉到他所喜爱并亲历过的西班牙塞维利亚和葡萄牙里斯本的地毯式卵石地铺的影子（图4-27：Jeffrey Bale 的作品）。

图 4-27　Jeffrey Bale 的作品 （西雅图时报特刊）

卵石壁画与地画因其取材便利、效果独特，值得我们在适宜的场合借鉴、发挥并运用。

（二）建筑空间协同运用

乡土卵石作景观经常被用于建筑的地面铺装与墙面装饰，其中的卵石地铺图案运用得非常广泛且不乏佳品，限于篇幅均拟不深究，下文重点着眼于现代建筑中乡土卵石作景观与建筑空间协同发挥功效的设计运用方面。

马清运设计的"父亲宅"是在建筑墙、地的饰面组合运用上使乡土卵石作景观发挥出较好空间效果的作品之一。该宅坐落于蓝田县玉山镇，是秦岭北麓与关中平原的过渡地带。流经此处的灞河冲刷孕育出大量光滑而多彩的卵石，在最大化使用地材思想的指导下，这些成为建筑墙、地面装饰材料的卵石也是雇用当地人从当地河里捡来并砌筑的。经尺度筛选的卵石散点均匀地排布在墙体上尺寸相对精确的素混凝土框架中，地面上也有一条光面石板道路区隔均质分布的卵石，如此略施对比，竟使乡土卵石作景观在空间中呈现出粗放中的典雅（图 4-28：马清运设计的"父亲宅"）。而为达到该目的，其构造设计也颇费了一番心思，在卵石与上下边框的接触部位，精选的卵石是被钻孔并用预埋件拉住的。

图 4-28　马清运设计的"父亲宅"（建筑中国网）

由于河流的"搬运"作用，卵石一般会在不同地质环境间被输送，故而河流中的卵石成色与其地质环境色彩并不一定相同，但在河源地两者是高度统一的。而好的设计则能使以乡土卵石构筑的景观对象犹如从地上长出来的一样。总建筑面积为 747 m² 的尼泊尔 Himalesque 广播电台的设计在该方面便有独到之处①。由韩国 Archium 事务所金中贤（In-Cheurl Kim）设计的该建筑，位于尼泊尔中部名叫 Jomsom 的高原小镇，这是喜马拉雅山南麓为雪山包裹的一处地方。冰川与雪水的淘刷，使当地的卵石留有初始发育特征，而河源地的属性也使卵石成色与当地山石环境一致。封闭式的院落布局与敦实卵石墙体的设计借鉴了当地抵御强风与昼夜温差的高原建筑经验（图 4-29：与环境的高度融合）。虽然建筑内部空间组织有不少可圈点之处，但该建筑更令人欣赏的是其借鉴地域经验、利用地材、结合地形甚至内部空间还纳入喜马拉雅山景致的设计手法。故而该建筑无论是由内观外还是由外观内，均与环境高度融合；而硕大的卵石料、粗放的工艺、一致的成色更使建筑犹如从喜马拉雅山的苍茫山石中生长出来的一样。

将乡土卵石作景观在建筑空间营造中发挥出类似日本枯山水之禅意的作品是李晓东的淼庐（图 4-30：淼庐"禅意"）。这座总建筑面积为 1100 m² 的

①　王蔚，欧雄全. 第九届亚洲建筑国际交流会[J]. 中外建筑，2012（12）：14-15.

图 4-29 与环境的高度融合 （Jun Myung-jin 摄）

图 4-30 淼庐"禅意" （李晓东 摄）

建筑位于云南丽江郊外一处坐山拥水的旷野，一组合院与边界上及空间中几片恰到好处的卵石墙成功地将气收住，并满足家居式会所的安全与私密要求；庭院内借助围而不死并纵横分布的卵石墙体创造出空间的灵动；而远

119

山和水依具有丰富肌理感的卵石地面的导引被纳入院中①。现代空间的组织手法、细节传达出的精准、不同高程水面的巧妙衔接、恰到好处的孤木点缀,在卵石墙与地之粗犷肌理衬托下塑造出一种近乎"禅意"的寂静来。

(三)继承式运用

继承式运用是对乡土卵石作景观既经典又时新的运用。所谓"经典"是因为我国相当多的依附卵石资源地的乡村还在沿用甚至建造乡土卵石作景观;而"时新"则是随社会进步产生的对乡土卵石作景观的多元需求,表现在:①随着具有乡土卵石作景观背景的人居环境越来越多地为各级文化遗产名录所眷顾,以真实性、延续性为价值导向的保护与利用便成为一种迫切需求;②在当今的文化复兴大潮下,激发了一些设计师对景观地域性的主动探索,乡土卵石作景观因其承接地气而经常为设计师关注并创造性地使用;③当前全国各地风起云涌的"美丽乡村"建设多以习主席提出的"看得见山、望得见水、记得住乡愁"作为规划设计准则,具有身授于山、灵孕于水及"乡愁"特点的乡土卵石作景观便成为相应卵石产地进行美丽乡村建设时不可忽视的选项;④我国房地产市场近两年的发展,促使具有可强化市场竞争力特点的地域文化主题式的小镇建设成为一股潮流,其中涉及乡土卵石作景观的运用。上述多元需求均有尊重与传承乡土景观的共同特征,故而笔者笼统称之为"继承式"运用。而该运用方式又可归结出原真式继承、原味式继承、创造式继承3种,下面分别给予阐述。

所谓原真式继承运用,即针对文物保护单位、历史文化名村(名镇)、历史街区或历史地段等各类文化遗产地的建筑与景观的保护所需采取的维护、修缮、设施配套等保护性建设,其中对原材料、原工艺的运用,甚至聘请乡土匠师进行实施的方法是世界文化遗产领域的共识。恩施枫香坡的风雨廊桥修复便是这样一个案例,这是一座位于游览区内已坍塌的清代古桥。石块从河里捞出,并重新拼接安装以恢复原形,由桥到河的小码头是根据当地老人的回忆,用乡土卵石构筑的。本着为景区增添历史厚重感的想法,特地请来当地的卵石工匠,就地取用河中卵石,并用传统的干砌方法营造了该

---

① 李晓东. 注解天然——云南丽江森庐,中国[J]. 世界建筑.2010(10):118-121.

小码头。用原材料、原工艺,请地方老匠师进行恢复性设计与施工的方法不仅为景区营造出具有历史文化深度的新景点,也极大地增加了该桥申报文保单位的潜力(图4-31:枫香坡的卵石小码头)。

图4-31　枫香坡的卵石小码头　(万敏 摄)

国家美不美,关键看乡村! 在城市景观已渐与世界"接轨"的今天,对于64万多个行政村、300多万个自然村,追求国土之美丽成为党的十八大以后的国家战略,而其中不乏卵石资源地。贵州省遵义市沙滩村的美丽乡村设计便是利用乡土卵石作景观进行原味式继承运用以保持乡愁特色的一例。所谓"原味"即没有原真式继承运用那么"较真",但需要继承的风格韵味一点也不含糊,建造形态不拘泥、建设功能可更新、施工工艺可现代。在该村,现存的乐安江沿线的乡土卵石构筑的堡坎、乡道、护岸、建筑、地面拼花、小品等首先被测绘,其后被作为素材,依现代使用功能与施工工艺,运用于新增的农家乐及其扩展的场坪空间中。由于立足乡土素材,故而新建的环境良好地留住了乡愁,地方特色在此也得以继承与延续(图4-32:原味式运用)。

有一种设计手法最大限度地尊重乡土卵石作景观遗产但又非简单模仿,笔者用创造式继承运用给予概括,在此方面有良好表现的作品是李晓东

图 4-32　原味式运用　（秦训英 绘）

的玉湖完小[①]，这是地处玉龙雪山脚下的海拔 2760 m 的一处纳西族村落的
小学（图 4-33：玉湖完小内庭）。基于以山为骨、以水为魂的纳西文化，设计

图 4-33　玉湖完小内庭　（李晓东 摄）

---

① 郑嘉宁. 玉湖完小：用现代语汇诠释乡土建筑[N]. 中国建设报，2006-07-06.

者有意识地将当地丰富的石灰岩和卵石在基于对当地传统、建造技术、建筑材料以及资源研究的基础上，运用现代设计手法组织于建筑的石墙和铺地中。联合国教科文组织亚太地区文化遗产委员会（UNESCO）对其的评价是，"运用当代建筑实践巧妙地诠释了传统建筑环境。其对地方材料的大胆运用及极富创意地演绎乡土建造技术不仅创造出一个具有震撼力的形式，也把可持续建造设计推进了一步。"

我国的乡土卵石作景观立足民间、扎根乡土，不仅在过去创造了很多极富特色及魅力的乡村，甚至城镇民居建筑环境，而且在当代还有许多可运用发挥的空间，希望本节的研究能给同仁一定启发，从而激发出更多乡土卵石作景观的现代创作灵感与优秀作品。

（本节写作得到秦训英、李梅的协助和支持，特致谢！）

第四节　阈流网络与文化景观的关联作用及其系统构建研究——以浙闽两省乡土卵石作景观研究为例

一、文化景观及与乡土卵石作景观的关系

自景观被引入地理学以来，就被赋予了代指地球表面各种地理事象综合体的特殊含义。景观可分为自然景观和文化景观两大类，而文化景观是指"地球表面文化现象的复合体，它反映了一个地区的地理特征。[1]"F. 拉采尔（F. Ratzel，1844—1904）首次将文化景观与历史景观等同，从而为人文地理学时空观的建立奠定了基础[2]。O. 施吕特尔（O. Schluter，1872—1952）提出探讨文化景观的变化过程是地理学的主要任务，并认为文化景观形态具有可移动和不可移动两种[3]。美国地理学家 C. O. 索尔（C. O. Sauer，

---

① 李旭旦. 人文地理学概说［M］. 北京：科学出版社，1985：12.

② 吴必虎，刘筱娟. 中国景观史［M］. 上海：上海人民出版社，2004：3.

③ 单霁翔. 从"文化景观"到"文化景观遗产"（上）［J］. 东南文化，2010（3）：7-18.

1889—1975)认为文化景观是特定时间内形成的、具有区域基本特征的、在自然与人文因素综合作用下产生的复合体①。该论述继而成为文化景观理解与认识的主流,也标志着以索尔为首的文化景观学派的创立。其提出的用发生学方法看待历史文化,认为文化景观是人类文化与自然景观相互影响、相互作用结果的论断也成为本书的立论基础。

由于文化景观反映了形成景观的独特文化,景观便成为反映文化的一面镜子,因此文化景观也被视为地理学的中心课题;有国外学者将文化景观与文化起源传播、文化生态、文化整合、文化区一道视为文化地理学的五大主题内涵②;我国学者李旭旦则将文化景观研究视为人文地理学的三大支柱之一。李旭旦、金其铭等学者不仅开创了我国现代人文地理学,还促成了20世纪80年代以来我国文化景观研究在经济地理学、历史地理学、人口地理学、区域地理学甚至世界遗产学、风景园林学、城乡规划学、建筑学等学科领域的广泛普及与应用。

有学者将文化景观最为显著的特征概括为要素复杂性、类型多样性、动态与相变性等③;其研究内涵则主要体现在文化景观的构成、发展演变、类型划分、解释与运用五大方面④。文化景观的构成非常复杂,故在大地上直观而又文化印记鲜明的聚落形式、乡土建筑和土地利用类型三大方面便成为国内外文化景观研究的主要领域⑤。虽然其中对乡土卵石作景观的研究难以寻觅,但将营造聚落、建筑及其环境中的农田、种植、构筑、装饰、材料、技艺等内涵作为文化景观考察对象的研究并不少见。乡土卵石作景观作为卵石富集河流两岸常见的文化景观类型,是"以河流为中心的人—地—水相互作用的自然—社会综合体"⑥;其以河流为纽带,高度地将自然与人文融汇于

① SAUER C O. The Morphology of Landscape [J]. University of California Publications in Geography,1925 (2):19-54.

② JORDAN T G,ROWNTREE L. The Human Mosaic—A Thematic Introduction to Cultural Geography [M]. 1982.

③ 周尚意,孔翔,等. 文化地理学[M]. 北京:高等教育出版社,2004.

④ 迈克·克朗. 文化地理学[M]. 杨淑华,宋慧敏,译. 南京:南京大学出版社,2005.

⑤ 汤茂林,金其铭. 文化景观研究的历史和发展趋向[J]. 人文地理,1998(2):45-49.

⑥ 曾江. 作为方法的流域:中国人类学新视角——流域人类学大有可为[N]. 中国社会科学报,2015-06-09.

一体,反映了文化景观理论所倡导的天人合一的核心价值观;其不可移动的在地演化性质具有诠释文化景观发生学关系的典型与特殊意义。另外,乡土卵石作景观还有物质性文化景观特点,而其民间传承的建造技艺等则具有非物质性文化景观秉性;这在赋予乡土卵石作景观有形与无形文化景观价值的同时,还使其成为反映当地聚落风貌与乡土建筑风格特色的重要表征。

二、研究思路、立地、方法与预期

卵石离不开河流,相应的乡土卵石作景观也就与河流及其分支上的沟谷溪涧具有密切联系,故依托河流探讨其景观格局与演化规律的想法便自然而生。由此引发的另一个问题便是对有关河流与文化景观相互作用关系的理论的借鉴与探讨。流域人类学却为我们提供了一些理论视野,其中的河流与人类文化变迁、同化、异化等传播与演化及其他相关知识内涵可为本章节借鉴并梳理运用。但该研究领域近几年才兴起,存在理论系统性不足、软科学性论证多而技术理性方法运用少的问题。这促使笔者将视野转向以ArcGIS等数字技术为支撑的当代河流水文学(简称河流学),力图在此寻求有关河流自然科学层面的理论与方法,并结合流域人类学理论开展乡土卵石作景观的研究。因此,有关方法论的探讨便成为本书研究的前置性问题,这也促成本书对阈流网络建构的研究定位。

然而,无论是乡土卵石作景观还是河流网络(以下简称河网),其研究均需依托一定区域进行。笔者在前期的乡土卵石作景观调研中认识到,我国东南、西南地区以卵石为地材构筑的乡土卵石作景观极为丰富。其中品位独特、营造考究、类型多样、分布密集、富有传承的则以浙闽两省的表现最为突出。这促使笔者将研究立地环境设定于此,由此而来的另一斩获便是,两省的河流环境也很独特。

相较于我国华中、华北地区的流域单一,浙闽两省则拥有众多独立的水系。除汇入长江的山系溪流外,两省有东流或东北流入海的 14 条较大的独立水系。山脉切割与水系分立使其成为地理上相对独立、文化上分隔交融的独特区域,由此形成不同的语言特点、风俗甚至建造特点。根据我们的前期调研,其差异还折射至乡土卵石作景观中(图 4-34:浙江楠溪卵石墙体,福建南靖云水谣拱坝)。这促使我们思考,能否利用乡土卵石作景观的线性依水分布规律与上述两省河流地理结构特征结合,共同组建一个网络,视其中的网络节点为乡土卵石作景观标本取样点(以下简称样点),并依网络纵横关系将标本结成相互关联的类比体系,进而开展更深入的研究。标本取样原则的确立对滨水广泛分布的乡土卵石作景观调研意味着高效性,而纵横关联的网络不仅可规避小尺度景观研究中常有的"只见树木不见森林"的弊病,且还可发挥系统优势,从而使有关乡土卵石作景观的研究表现出见微知著的特点。另外,该网络系统的其他预期功效还有:①借助网络节点,预测乡土卵石作景观调研地;②以网络平台为支撑,构建乡土卵石作景观数据库;③以网络为框架构造乡土卵石作景观知识体系;④该网络还可为其他依水分布的文化景观研究所借鉴应用。

图 4-34　浙江楠溪卵石墙体,福建南靖云水谣拱坝　(秦训英 摄)

三、数字河网提取与阈流网络界定

在地理网络架构中,河流水系是其中基础而又重要的要素和载体。随着计算机科学和信息技术的发展,河流也成为地理空间数据库中非常重要的一员。被誉为"大地血脉"的河网塑造了地形"骨架",依托水系拓扑特征建构起河段、节点关系,并由干流和若干级支流相互连接、组合而成。河网的区域特征是对河流间比例、连通性等相互关系的描述,其形态一般有树枝状、格状、羽毛状、平行状、网络状、扇状、辐射状 7 种[1]。其中大多数类型仅在平原地区依靠水流的自然冲刷或人工干预才有赋形可能;而在连绵起伏且又沟谷纵横的山区,其河网形态则主要表现为自然的树枝状。

20 世纪 50 年代以来,与地理信息结合的数字地形已成为研究重点,而基于流域的数字高程模型(digital elevation model,简称 DEM)则成为提取河网的常用工具。目前应用广泛且较为公认的是 O' Callaghan 和 Mark 在 1984 年提出的利用水流流向信息识别河网的方法,其中引入了集水面积阈值的概念。本章节采用的 ArcGIS 相关功能板块就是利用该算法编制的。所谓集水面积阈值也称临界集水面积,是指支撑一条河流永久存在所需要的最小集水面积。该值也是根据地表径流漫流原理提取数字河网的一个关键性参数,其可决定河流的源头及其生成的数字河网形态。集水面积阈值越大,在水流累积量栅格图层中超过集水面积阈值的栅格就越少,河道起始点的位置会向流域地势平坦处"退减",河长就相应缩短;同时,所提取的河流级别也会变高,河道数目就会变少(图 4-35:不同阈值的浙闽两省河网提取对比)。

河网是由顺应河流走势的流线构成的,其中的乡土卵石作景观则是由流线串起的一组组线性群集单元,流线在此搭构出能反映其赖以起源、演化、传播、交融与发展的时空通道;这赋予流线上的乡土卵石作景观研究的纵向维度价值。其横向维度的设定则需从流域人类学的跨流域认知范式理论中来寻求支撑。

河流有流域之分,每一流域均集结了相应文化景观的一个问题域,以跨流域的问题域为立足点,在异流河网中找寻时空对应的特征节点进行关联,从而在不同流域之间搭构出问题域的比较线索,而流线上时空特征最为鲜明的点莫过于河源地和出海口。这启示我们,可将浙闽两省 14 条各自独立的较大水系的河源地和出海口对应连接,由此构成具有乡土卵石作景观跨流域类比关系的横向维度。取对河网数字形态有决定作用的"集水面积阈

① 　祝国瑞,尹贡白. 普通地图编制[M]. 北京:测绘出版社,1982.

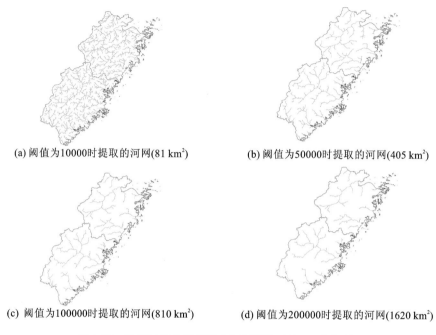

(a) 阈值为10000时提取的河网(81 km²)　　　　(b) 阈值为50000时提取的河网(405 km²)

(c) 阈值为100000时提取的河网(810 km²)　　　　(d) 阈值为200000时提取的河网(1620 km²)

图 4-35　不同阈值的浙闽两省河网提取对比　（季茜 绘）

值"之"阈"，与流线之"流"，两字叠合，由此定名该网络。笔者给出的相关定义是：所谓阈流网络，即是按中观尺度集水面积阈值提取河网，将相应阈值不同流域的支流源头与出海口进行横向连接（其连线称阈线），并与河流流向结合构成的网络体系(图 4-36：阈流网络体系构成)；以具有文化线路属性的河流流线为纵向，以跨越山脉、流域、行政区的异流阈线为横向，由此搭构出纵横关联的乡土卵石作景观研究体系。

需要阐明的是，虽然河网中的水口地位也很重要，但因其主次流交口位置、相应流量大小等缺乏规律性呈现，而不能充当阈线节点，但在实际的乡土卵石作景观对比研究中，重要水口仍可作为流线节点加入网络，以实现对样点系统的完善补充。而当网络尺度过大，导致阈线稀疏时，还得借助增大集水面积阈值来获取一组退缩后的新河源，以实现阈流网络加密。

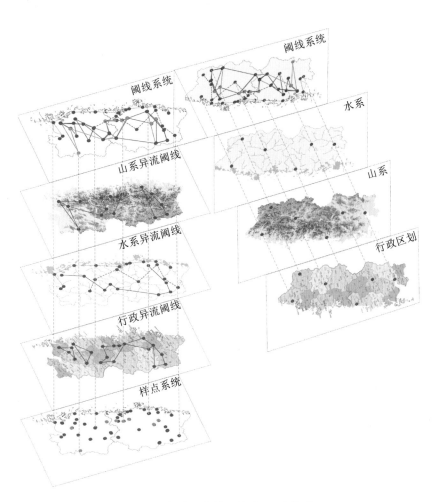

图 4-36　阈流网络体系构成　（季茜 绘）

四、阈流网络与文化景观的关联作用及其系统构成

阈流网络由具有纵向关联功能的流线与横向对比价值的阈线组成，下面对其理论关联与内涵、网络分级与分类、节点获取与布局等网络关联作用及其系统组织原理进行阐述。

（一）流线与文化景观的关联作用及其纵向系统构成

1. 流线与文化景观的纵向关联阐述

流线是构成河网的自然曲线,人类的亲水性则使人居环境及其文化景观呈现出依附流线的寄生关系。流线根据河流走势形成有向线段,水量丰盈、常年不涸地保障交通顺畅是其文化景观品质的反映。主次流线的交叉口称水口,汇入水口的支流流量越大,说明相应支流在河网体系中的地位越高。流线中的任意一点,均可逆向承聚流线水量并形成河势,河势越强则相应水口的文化景观地理辐射范围就越大,其中的文化景观流亦越丰富。河流是人类最为古老而又持续的沟通廊道,故而纵然远隔千山万水,窄窄的一线河流总能将进深广袤的腹地紧密相连,并形成具有一定生活习俗、语言、宗教、商贸、社会分工甚至建造共性的流域文化。虽然当今有关文化线路的研究焦点尚停留在诸如茶马古道、丝绸之路以及京杭大运河等人工或人为因素占主导的类别,殊不知具有天然文化线路属性的河流早已将自然与人文珠联璧合,并形成深厚的文化景观积淀。流线与文化景观如此紧密的关系也使其成为文化景观研究中重要的纵向维度与参照。

2. 流线分级及其意义

河网是由干流、主干支流、分支支流等组成的层次丰富的体系,大中型河流一般至少由 4 个层级的分支构成。对河网及其支流层级的精准量化描述是河流学基础而又重要的内涵之一,但对有定性特点的文化景观的研究则不需如此苛求,故我们仅对此作干、次、支 3 级流线界定。流线等级不同,人类文化传播的物质、能量、信息流等均有差异,相应的文化景观也会随之呈现一定的梯度变化,就乡土卵石作景观研究而言也意味着对相应流线样点重视程度的差异。

3. 流线样点数量及其分布

样点是乡土卵石作景观标本调研的地理位置。沿主流线至少需要 3 组样点才可形成比较体系,而分支流线则至少需要 2 组。流线过长或其中的景观差异过大,则样点数量还需结合河网结构适当增加。增加的途径有二:一是通过扩大集水面积阈值、加密阈线而使样点结构性增加;另一途径则为结合水口在流线上进行样点的均衡性添补。样点择取的主要依据为下文所述的阈线体系。在不满足上述流线样点数量要求时，可以扩大集水面积阈值、增设新源头为原则进行增补。

（二）阈线与文化景观的关联作用及其横向系统构成

1. 阈线与文化景观的横向关联阐述

阈线并不是一种真实的地理存在，其实质是为探究与文化景观的相互关系而将同一集水面积阈值的异流河源或出海口进行连接的辅助线。异流河源的文化景观价值用俗语"一方水土养一方人"来比喻便恰如其分，衔接本书语境，意即不同流域会孕育出相对独立而又各具特色的乡土卵石作景观。以此立论为基础来考察异流河源的自然格局，依其河源属性可归结出山系异流、水系异流与行政异流3种分布规律，对应的阈线形态则有山系异流阈线、水系异流阈线与行政异流阈线3种。自然与人文的阻隔越大导致其文化景观表现出的矛盾越大，则意味阈线的价值越大，其中可比较发掘的内涵就越丰富。阈线与文化景观如此高度的对立统一关系，使其成为乡土卵石作景观研究中重要的横向维度与参照。

2. 阈线横向系统构成及其原理

（1）山系阈流网络。浙闽两省南部的天目山和武夷山，中西部的鹫峰山、戴云山、博平岭、仙霞岭、括苍山这7组山脉构成两省众多独立河网之源。同一山脉、不同支脉夹峙的谷地孕育着来自不同坡面的河网水系及其文化景观，河网间的群山支脉则成为文化景观交流的障碍。山系异流阈线即是环绕山脉而将不同坡面的异流河源的文化景观进行关联考察的线索。

循此思路进行山系异流阈线连接探讨，其过程为连接同一山脉不同坡面的异流河源，从而形成环绕山脉的、由闭合折线组成的山系异流阈线体系。将该体系与山系、河网叠加，则形成山系阈流网络（图4-37：山系异流阈线及其阈流网络）。

（2）水系阈流网络。浙闽两省有东流或东北流入海的14条较大的独立水系，其间的民风民俗、语言以及文化景观等均存在明显的差异与不同。依序考察这14条独立河系，相应的文化景观表现出由南及北的梯度变化；独立河网间隙越大其文化景观改变越明显；间隔的河网数量越多，其中的文化景观甚至有突变发生。水系异流阈线即是串联所有或主要异流河源而形成的

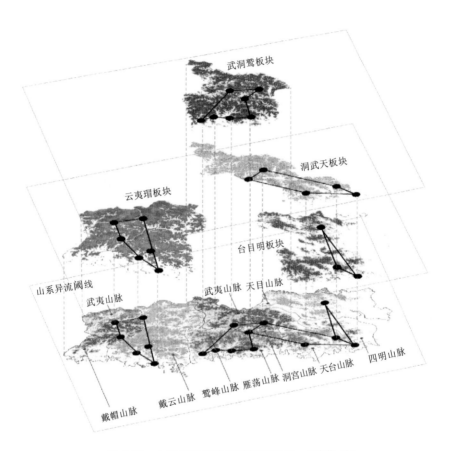

图 4-37　山系异流阈线及其阈流网络　（季茜 绘）

文化景观关联比较线索。

　　据此可对水系异流阈线进行连接探讨,其过程为在河段的上、中、下游对等连接不同流域河源或河口,以此形成穿越省域主要山脉的、由开口折线组成的水系异流阈线体系。将该体系与山系、河网叠加,即形成水系阈流网络(图 4-38:水系异流及其阈流网络)。

　　(3)行政阈流网络。由于人类社会的行政辖区一般也依地理要素划分,因此其间的文化景观还存在一定的行政藩篱。虽然在跨流域之间,具有类似大陆桥、驿道、运河等为克服障碍而人为建设的"穿越"设施,还存在诸如

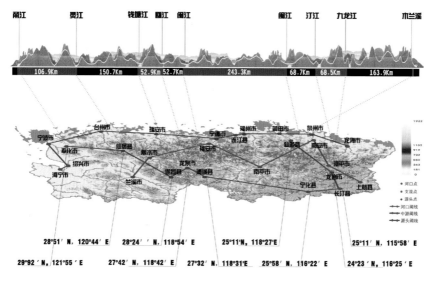

图 4-38 水系异流及其阈流网络 （季茜 绘）

"车同轨、书同文、行同伦"之类的行政"一统"支撑,但适地而生的文化景观还是受制于许多例如地材运用、族群差异等难以复制的因素,从而富有特色。行政异流阈线是将跨越不同行政区的异流河源连接并对其文化景观进行类比研究的关联线索,文化景观具有的行政地域局限与行政一统"穿越"的对立统一在此有所展现。

由此探讨行政异流阈线的连接方案,即以县域尺度为立足点,连接相邻行政区域的异域河源,以此形成跨越行政区的、由闭合折线组成的行政异流阈线。将该体系与行政区划、河网叠加,即形成行政阈流网络(图 4-39:行政异流阈线及其阈流网络)。

上述三者叠加即可得出阈流网络系统(图 4-40:山系、水系、行政阈流网络体系及其样点系统)。

(4)阈线样点数量与布局。水系阈线是节点串联状的开口折线,山系阈线与行政阈线则是节点环绕状的闭合线段;但无论是何种阈线形态,其样点都是构成阈线系统的关键。由于阈线体系中的每一样点均代表不同流域的河源或海口,故其数量是一定的;而其总量则需通过三种不同阈线系统的节

133

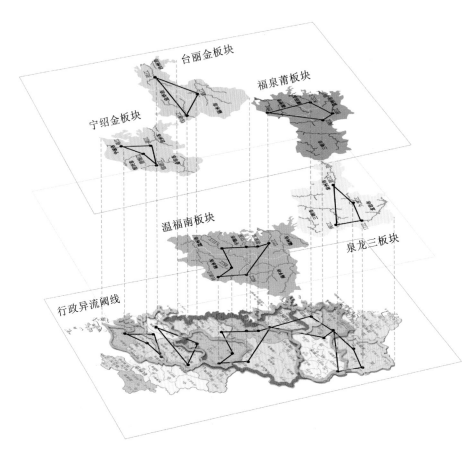

图 4-39 行政异流阈线及其阈流网络 （季茜 绘）

点叠合，另加少量为流线均衡分布而设的样点，并剔除重复样点。该总量系统也可称为阈流网络样点系统。因阈线样点均处在河网流线上，故而也可等同视为流线样点，当流线样点不足时，便需采取下文所述的调节集水面积阈值或阈线加密技术来获取新的样点。阈流网络的样点系统既是文化景观纵横关联比较的对象，也是通过数字网络节点推断出的乡土卵石作景观调研地，故对调研地的选取具有预测功效。

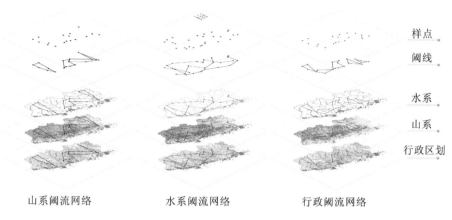

山系阈流网络　　　　　　　水系阈流网络　　　　　　　行政阈流网络

图 4-40　山系、水系、行政阈流网络体系及其样点系统　（季茜 绘）

（三）阈流网络的调试

不同集水面积阈值的河网会以不同密度呈现，故探求与省域尺度适配的河网密度及体系便成为阈流网络重要的构建基础。本书对比分析集水面积分别约为 81 km²、405 km²、810 km²、1620 km² 4 种阈值条件下提取的河网信息及形态。结合浙闽两省的地理空间特点，以主干水系清晰、河网密度均衡、山脉特征明确、分布兼顾行政、省域全程覆盖这 5 大原则为依据，在试错及比较分析后，选定集水面积阈值 810 km² 作为提取河网并探求阈线构成的阈值单位。该值相当于 ArcGIS 中河网提取的 100000 栅格阈值单位，其尺度也约与两省平均县域面积的 1/3 相当。

此外，为获取足够的样点数量，还可通过以下网络调节方法实现。

（1）增大集水面积阈值会改变河网密度，获取退缩后的一组新河源样点并加入原阈流网络体系，从而实现样点的增加。为捕捉到文化差异明显的样点，使网络能真实体现两省的文化格局，故还需结合实地调研核查，反复调试，因此阈流网络的构建是一个动态的过程。

（2）阈线加密会实现样点的增减。水系阈线可通过河程等比的方法加密，而形成具有地理高程梯度的体系；山系阈线可依河网结构层级加密，以形成包络山系的层圈体系等。此方法对乡土卵石作景观的诸如山脉阻隔效

应、异流地理等高比较、文化辐射进深等专项研究有益。

（3）本着样点均衡分布的原则，流线上的样点也可根据调研情况结合水口适当进行补充。

需要补充的是，理论推演出的文化景观样点均需结合调研明确其实际赋存情况。对没有景观赋存或赋存不够鲜明的点需以主流优先、结合水口、赋存鲜明、上下就近为原则进行替换，以形成新的样点系统，并调节与重绘阈流网络。笔者曾针对本章提出的浙闽两省乡土卵石作景观样点系统进行过赋存调研，结果表明有近30％的偏差，故调研核查工作是相当必要的。

本节意在揭示阈流网络系统对文化景观研究的关联价值及其构成原理、研制与调节技术等内涵，而对该系统在乡土卵石作景观的调研地预测方面的实际应用和研究构架、工具以及思想方法的内容尚未涉及。虽留有遗憾，但也鼓励我们需更加努力发掘而不负期待。

（本节写作得到季茜的协助与支持，研究过程中还得到郑家瑜、胡锦洲、李敏、秦训英的大力支持，在此一并致谢。）

第五章 中心广场设计六例

顾名思义,城市中心广场即城市所有广场类别中最重要的一种,该类广场因其空间位置、周边设施、功能定位这 3 个条件之一或更多条件在城市中的重要性而获"中心"的地位。同时,更多的诸如节会、庆典、纪念等重大的城市活动职能也会被赋予这类广场,故而承载着政府与市民的更多冀望。下面介绍的 6 个城市中心广场均是 10 余年来笔者曾亲历亲为主持设计的作品,现呈现给读者,一方面是为展现城市中心广场作为城市精神文明展示窗口应有的内涵与风貌,同时亦结合后续思考对案例成败得失进行一定总结,冀望经验得以传承、教训能被吸取。

第一节 襄阳诸葛亮文化广场设计

诸葛亮文化广场位于襄阳市樊城区的中心位置,是襄阳市举办"两会一节"的主场所,其定位属襄阳市城市中心广场。这是一个结合体育设施建设的广场,其建设时间为 2000 年,总用地面积为 14.6 hm²,这在当时属全国建设用地面积最大的新建城市中心广场之一。广场位于襄阳市城市主干道长虹路西侧的体育中心前;城市次干道七里河路将广场一分为二,并形成南北各占 2/3、1/3 的切割关系。整个场地地势平坦,根据规划设计条件,广场北部地块还将规划布置襄阳市会展中心(图 5-1:片区总图)。

一、构思

根据建设场地现状及规划设计条件,设计需要解决的重要问题有以下 3 个方面:①广场如何避免被城市道路切割而自成一体,这是本次设计非常棘手而又必须面对的重要问题;②已有的体育场与新建会展中心这 2 个中心如何协调的问题;③襄阳的地域性与诸葛亮文化如何体现的问题。

图 5-1　片区总图　（孙靓 绘）

　　如何将被七里河路分割的广场连接成有机整体，是设计处理中的要点与难点。规划设计采取了一种大胆而又独特的方法，便是将该路设定为广场的主轴，并使道路铺装与广场一体化。一体化后的七里河路在平时还发挥城市次干道职能，但一年一次的节会期间则需封堵；封堵后的广场外区段顺势成为节会专用停车场，在广场内的路段西端的中轴位置，根据铺装波导线区划出的范围可设置舞台（图 5-2：广场总图）。

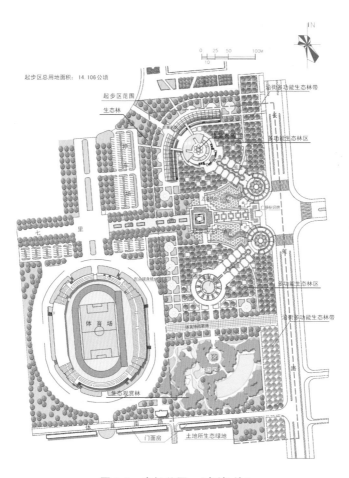

图5-2　广场总图　（龙涛 绘）

这种将道路与广场空间一体化的思维得到了当地政府及其相关职能部门的认可,并从市政、交通层面细化出一系列使用与管理规定。以道路为中轴的做法还使分立于南北地块上的体育场与会展中心有了共同的中心,从而避免了"一山不容二虎"现象的发生。在南北两个地块,两条沿倒八字轴对称设置的梯台引道也有衬托中心的作用,该倒八字轴靠长虹路处形成了两个圆形入口,其半径和七里河与长虹路的平交拐弯圆弧的圆心重合、半径一致。倒八字轴以音乐喷泉为导引,拾级而上从而产生立体喷泉的效果(图5-3:广场喷泉与戏水)。北轴终点为诸葛亮雕塑,其底座为室内展场,后部为

139

弧形的会展主场馆,其位置恰好将北邻的杂乱居民点遮挡;南轴终点为一个大型喷泉。另外,为增加广场的生态效益,设计将广场南部 1/3 的区域开辟为公园绿地,从而保证了广场景观的多样性与生态性。

图 5-3　广场喷泉与戏水　（万敏 摄）

二、功能与空间布局

规划设置了五个功能区:主广场区、会展区、体育休闲区、园林区、多功能生态林带。

主广场区:含城市广场、节庆台、植物扎景。该区以七里河路为中心并顺接南北两区,节庆台位置用地面铺装区分,节庆时可在划定区域内临时搭台(图 5-4:广场鸟瞰)。

会展区:含会展中心、诸葛亮雕塑、音乐喷泉。会展中心为城市的重要设施,面积约 10000 m²,采用轻钢网架顶,高技派风格。诸葛亮是吮吸着襄阳乳汁成长的政治家,襄阳的城市节会即命名为"诸葛亮文化节",会展区的核心理当为诸葛亮雕塑(图 5-5:诸葛亮雕塑)。该雕塑高 9.9 m,为青铜铸造。该会展中心后因所属地块被某一大开发商"统筹"开发为城市综合体而被拆除,这也导致诸葛亮雕塑失去了完整的背景支撑。

体育休闲区:结合体育场设置并与会展区相对应,含健身广场、音乐喷泉、林荫棋牌园地等(图 5-6:广场休闲)。

园林区:采用自由园林风格,与严谨布局的其他区形成对比。含戏水池、长廊、休憩亭等。

多功能生态林带:沿长虹路布置香樟树阵。株距、行距均为 8 m,总共有 4 排,宽度为 32 m。林地地面采用透水铺装,其内则用座椅、树池形成休憩

图 5-4 广场鸟瞰 （万敏 摄）

图 5-5 诸葛亮雕塑 （万敏 摄）

图 5-6 广场休闲 （万敏 摄）

模块，并灵活散布于树阵之间（图 5-7：多功能生态树阵）；空置场地可兼作会展的临时场所或停车场（图 5-8：生态停车场）。经 10 余年的生长，该香樟树阵已成为市民最为喜爱的休闲纳凉地，每当夏季来临，树阵下的棋牌、歌舞、说书、小憩已成为襄阳城市的一道重要人文景观。

图 5-7 多功能生态树阵 （罗雄 摄）

图 5-8 生态停车场 （罗雄 摄）

141

三、点评

　　作为笔者主持设计的第一个城市中心广场,自觉在其间的奉献远不如学到的多。感触至深的是,设计创作本身固然重要,但在成为现实的过程中,设计师作为项目协调者的作用则更为凸显。像在本项目建设中将七里河路与广场一体化,并在节会时封堵的想法并不是设计师提出并绘出图纸即了事,该想法得以通过,不仅需经建设单位首肯、相关职能部门同意、领导拍板支持、专家不反对等一系列决策与审批方面的程序,还涉及交通功能调整、规章制度修订、上位规划配合修改等技术实施层面的内涵。故而密切配合实施方同上述相关方进行协调、沟通并取得支持,才能促成一个设计构想的落地。诸如此类的还有诸葛亮铜像的选址、材质选用甚至高度确定,以及沿街树阵的树种选用、苗木来源、多功能利用思维等设计内涵,均各有一番协调沟通之历练(图5-9:广场一景)。

　　连带的一个感触便是对沟通协调工作中汇报文稿编制的体会。被笔者戏称为“连环画”的汇报文稿的编制方式还是有“技巧”的,其核心当然是紧密围绕设计思想与内涵的表达,编制中宜用通俗易懂的文字、形象的语言、生动的插图、符合逻辑思维的顺序、可深可浅而又可收可放的内容体系给予展现。其目的便是适应政府不同部门中具有不同专业背景、不同社会阅历的特定人群,以便在宣介、汇报、沟通设计方案的过程中产生更好的效果。由于不同政府部门对规划建设行业的了解度有区别,故而汇报文稿还需在专业深度方面深浅适宜、拿捏适度。城市广场作为公共工程,其建设一般均受到高度关注,不少城市为加强建设力度,一般会成立一个由多部门构成的领导“专班”,一个好的汇报展示系统便能适应该特定受众对象与群体的需要,这是设计作品顺利通过或设计思路得到赞同与支持的关键(图5-10:广场东侧鸟瞰)。

　　(本项目在设计与实施过程中得到朱载雄、许晓林、陈纲伦、雷锦洪、廖亚平、龙涛、沈伊瓦、覃晖、孙靓、李向锋、宋靖华等的协助与支持,特致谢!项目设计协作单位为襄阳市城市规划设计研究院。)

图 5-9　广场一景　（罗雄 摄）　　　图 5-10　广场东侧鸟瞰　（罗雄 摄）

第二节　赤壁人民广场设计

　　赤壁市是湖北省的南大门，三国赤壁大战的发生地。无独有偶，该项目也是一个结合体育设施修建的城市中心广场。广场选址的地理位置也是赤壁市河北新城的中心，赤壁市人民政府位于广场所临河北大道对角的东北方。广场用地东西长约 450 m，南北宽约 230 m，面积约 10.6 hm²，体育馆则位于广场居中偏南之处（图 5-11：总平面图）。场地内有两条泄洪渠贯穿，用地西北有 12 层高的广电大楼，其与广场之间被一泄洪渠分隔。广场地势平坦，唯西南角有一处低洼水塘，该处也是两渠的交汇地。

一、构思

　　现状分析是构思之源，在现状分析中明确建设条件限制往往是设计发展的立足与理性思维的依据。若设计师能用专业的手法巧妙克服条件限制，设计作品就可能在设计师的理想与现实中达成一种优化与平衡。在分析中，我们以下述 4 个问题作为设计的切入点：①如何规避河北大道与体育馆空间进深不足的缺陷，并转换利用充裕的横向空间；②如何尊重并结合体育馆在空间中的强势地位，并以此来进行广场布局；③现状中的泄洪渠与低洼水塘如何发挥景观功效；④如何利用设计语言反映历史文化。

　　由此确定的规划定位为：赤壁人民广场是以生态基底为支撑的，反映赤

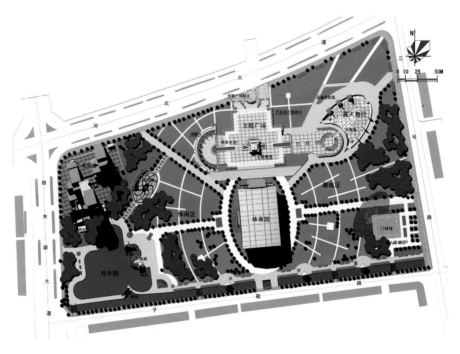

图 5-11　总平面图　（龙涛 绘）

壁地域文化特色并兼具城市聚会、节庆以及市民观光、休闲、娱乐、健身等功能的城市中心广场。

体育馆是赤壁市重要的公共设施，其巨大的体量与主控空间的地位不可忽视。我们尊重这种现实，以其为中心，用层圈发散的椭圆结合中心放射的射线形成路网系统并主控全局，从而使 10 余公顷的用地浑然一体（图5-12：广场正透视）。用地南侧的城市泄洪渠水量充沛，水质良好，宜作边坡整治，并抬高水位使其成为一个景观长廊。由北往西南延伸的城市排污渠用盖板使其"销声匿迹"。西南角的低洼地则顺势设计成嬉水园，用柔美的曲线构筑岸线，并与广场的几何规则图案形成对比（图 5-13：广场鸟瞰图）。对于历史文化氛围的营造，我们以该市赖以成名的"赤壁大战"为题材，选用有智慧化身寓意的历史人物——诸葛亮的雕塑作为广场的标志性景观，并配以赤壁大战相关历史花絮、器物纹样等做浮雕文化墙或广场图案铺装。

144

图 5-12　广场正透视　（吴清华 绘）

图 5-13　广场鸟瞰图　（吴清华 绘）

二、功能与空间布局

　　规划有五个功能区：广场区、城市舞厅、晨练健身区、休闲区及滨水景区。

　　广场区：广场主入口设在体育馆中轴线上，但由于主干道——河北大道，其与体育馆之间的距离不足，故而设计将主轴在中部作 90°转折，使主体空间自然、顺畅地向东部宽阔地带延伸。广场中部的带状音乐喷泉是轴线转折的结构引导，其西端用半圆形的水池塑型，池中立有反映地域文化的浮雕柱；而东端则设立环岛，诸葛亮的人物雕塑即耸立于此。为防车辆擅入，广场作了抬高处理，入口处设标识图案，并在其两侧配套设置残疾人坡道。

城市舞厅：舞厅为椭圆形半下沉广场，并以体育馆的放射线为轴，椭圆焦点位置与诸葛亮主题雕塑重合。地面铺装采用长江赤壁古战场出土的古代兵器戈的纹样。下沉广场的西南界设浮雕墙，雕刻着赤壁大战中如"舌战群儒""草船借箭""苦肉计""借东风""火烧乌林"等历史花絮。下沉广场体现了历史与现代的交融，也是市民酷爱的歌舞健身场地（图 5-14：半下沉式城市舞厅）。

图 5-14 半下沉式城市舞厅 （万敏 摄）

晨练健身区：晨练健身区设在广场东侧的一片生态林地中，并邻近城市居住区。目的是为居民就近提供晨练、健身等活动场所。其间还有门球场、疏林草地及椭圆形节点等。

休闲区：休闲区位于体育馆以西，设阳光廊、儿童活动场等。植物配置采取多种形式，高大乔木、低矮灌木、草地相得益彰。意在创造出一种安全、生态的休闲环境（图 5-15：休闲绿地）。

滨水景区：该景区包括景观明渠及嬉水园，位于广场南部与西南角。南面沿泄洪渠设有滨水步廊，有 3 座景观桥与城市道路相连。西南角利用现有低洼地设有嬉水园，可安排划船等水上活动。嬉水园水体与泄洪渠之间以闸桥隔开，以保证水质洁净（图 5-16：滨水景亭）。

三、点评

广场建设年代是 2002 年，其时正逢大广场、大铺装、大草坪盛行，但本设计却未迎合时尚，而是将广场的硬化面积控制在总面积 10.6 hm² 的 1/5，从而使绿地成为广场的主导，并有效地保证了广场的生态效益。到 2004 年，当时的建设部才出台了有关控制广场硬质铺装总量的规定，该规定出台的起因便是一些专业报刊与学者发起的针对此前各地广场建设贪大求全现象的

图 5-15　休闲绿地　（村夫遥星 摄）

图 5-16　滨水景亭　（村夫遥星 摄）

相关讨论与鞭策。笔者敏锐地捕捉到此信息，并以此为依据说服业主方。实际上一般业主虽在广场规模、风格、功能等方面有观摩经验或有效仿的倾向，但对广场铺装大小的要求并无定式，我们接触的绝大多数领导型业主均是通情达理并愿意遵循相关规定的。故而此时设计师符合专业价值观的举荐、阐述甚至引导便有相当分量。当然，其时该地政府对总造价 1200 万元的控制要求也是重要的软硬比例关系的平衡杠杆，硬质铺装过多，造价便高，故而适当的软硬比例控制是设计师调节造价、控制总价的重要手段。

　　另一令人得意之事便是广场硬质铺装纹样的设计，亦即广场工程景观的组织。有感于当时不少广场建设由于设计粗放，导致即使用了好材料也得不到应有效果的现象，故而促成设计小组对广场硬质铺装设计的高度重视。设计小组在拼花块材的大小、拼花组合单元尺寸、主材块材的大小、铺装整体分格尺度之间确立了一种模数与分模数关系，各种规格的铺装面材通过模数达到统一（图 5-17：主广场铺装工程景观组织）。这不仅提高了整材的使用效率，也意味着板材安装中切割工作的大量减少，还消除了因广场外边尺寸不规范而产生的、需用"边角余料"补充与调整的现象，从而极大地提高了铺装的视觉规整度。审视当时确定的广场铺装设计中各组数据之间严谨有序的关系，一种自鸣得意的感觉便油然而生。还有一点感触便是，设计中尝试了基于同一种材质，两种不同的肌理进行组合运用的形式，即用火烧与磨光两种不同板面肌理的福建 663 板材进行配合拼花。4.2 m 宽的波导线用磨光花岗石简洁纹样组成，并与广场火烧板主材相映衬，形成了大统一中又有小微差的铺装效果（图 5-18：广场工程景观纹样）。

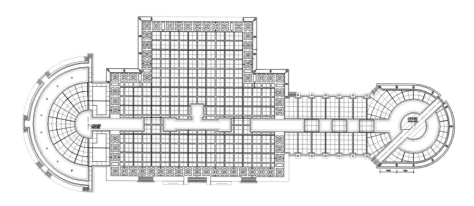

图 5-17　主广场铺装工程景观组织　（伍特煜 绘）

图 5-18　广场工程景观纹样　（秦训英 摄）

（本项目在设计与实施过程中得到龙涛、吴新华、伍特煜、但劲松、马承志等的协助与支持，特致谢！项目协作单位为赤壁市城市规划设计院。）

第三节　武汉国际会展中心广场铺装设计

武汉展览馆曾是新中国成立初期武汉市十大建筑之一，2000 年的拆除曾引发全国性关注，拆旧建新的做法也备受争议，但这丝毫不影响在原址新建的武汉国际会展中心的城市地标意义,而其前广场也成为武汉的城市中心广场。受上述争议背景的影响,该广场的建设也是小心翼翼。一方面广场被赋予更高冀望,希望用更高的标准与要求达到一种"超越"而"尽释前嫌";另一方面亦小心求证,尽量避免不必要的议题,以免引发社会舆论的再度抨击。由于广场大部分地下空间均被商业利用,故而作为地下室顶板的广场实际上是与会展中心建筑一体化设计的。由于业主方对建设时间与速度的追求,广场的形态、功能、格局设计与选材、装饰、安装等深化设计实际上是脱节的,这促成建设单位决定在原设计基础上对广场铺装与园林绿化进行精装修设计招标。这便是引发本设计的主要原因与背景。

一、构思

广场外框、铺装范畴、绿化边界,以及喷水池位置、大小均已由原设计限定,这使设计任务变得更为单纯。一切围绕空间、布局、功能、定位、竖向之类的前期规划事宜均不需费神,专心致志地做好广场的铺装、亮化、植被、小品等工程景观的设计即可,其中又以铺装设计为重中之重(图 5-19:广场夜景鸟瞰)。我们从武汉城市的区位、地域、历史文化等城市风貌要素中提炼素材,并形成能反映广场特色的图式语汇,使其在广场设计中以恰当的图案与形态得以展现(图 5-20:广场总图布置)。

图 5-19 广场夜景鸟瞰 (伍昕 绘)

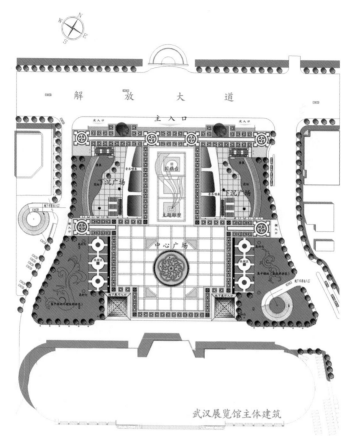

图 5-20　广场总图布置　（吴新华 绘）

因原设计中广场的形态可形成两个相对独立的区域：一个是衔接解放大道的导引区，另一个是中心稳定并较为规整的主广场区。用抽象的数理逻辑来反映地域文化是设计师惯用的手法，诸如日本明石大桥主跨长有 1998 m，其寓意是该桥于 1998 年建成；再如一些寺院门前的登山梯道均由 108 步台阶构成，代表成佛之途所需经历的 108 种劫难；而不少政府大楼前用 21 步台阶来喻示迈向 21 世纪等。这种迎合某种数理寓意的方法也被用于本广场导引区的铺装设计中。

解放大道入口处便是由 3 组拼花模纹一体化组织而成的，其中 3 个相连的正方形代表武汉三镇；两组穿越 3 个正方形模纹的曲线代表长江和汉水穿城而过形成的两岸三镇关系；曲线的一端用国旗台点位收形。主广场区则吸取楚文化中铜盖豆上的精美图案，在武汉市市花梅花的外形框定下，进行图案纹样适合组织，用浅浮雕的形式塑造，这也是广场空间的核心与高潮，希望用能代表城市理念与精神风貌的图形给予表现。较之于导引区抽象的数理逻辑，主广场则是用具象的楚文化符号来反映武汉地域的辉煌(图5-21：设计元素分析)。湖北是楚文化中心，作为省会的武汉，担负着弘扬楚文化的重任，有城市客厅性质的武汉国际会展中心广场故而被赋予了载体的职责。

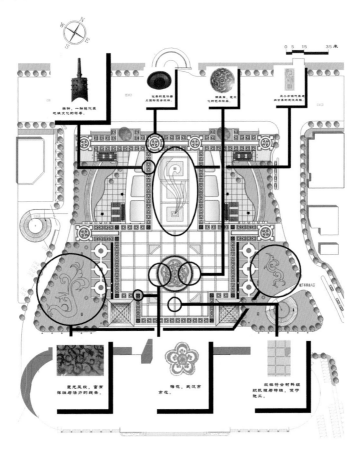

图 5-21　设计元素分析　（吴新华 绘）

用图案反映文化的思维也被运用于广场的波导线设计中。该波导线用变形的编钟图案及两方连续来组织，2 m 宽的尺度也强化了偌大广场的整体性；而广场铺装所取之主调——红、黑两色分别选用三峡红大理石与金砂黑花岗石拼合得出，这两种颜色是楚文化的标志色，故而有渲染地域特色的作用。

二、点评

城市广场的精装修设计在 21 世纪初还是一件非常新鲜的事情，而此前全国各地建设的广场普遍存在着设计与建造粗放的问题，本设计使笔者对广场精装修设计阶段有了较深介入，并对该阶段的深度内涵也有了一定的切身体会。总体而言，城市广场精装修设计对提高城市广场建造的精细化水平、提高城市景观建设质量与品位、提升设计师个人的设计能力以至促进整个行业素质与水平的提高都是有其重要意义的。

具有施工图操作经验的人一般均深知，施工图设计实际上是一个充满活力的再创造过程，而精装方案设计便是这一过程的前期演练，这是由初步方案向施工图设计发展的一个重要的衔接环节。广场形态基底的明确，促使设计思考重点向纹样、选材、用料、搭接等细腻的工程景观设计创作方面转移。这也使设计工作变得更为单纯，设计师能从容地避免陷于由方案直接进入施工图设计阶段的千头万绪，并从顾此失彼之中得以解脱，更多的思考给予了细节以及各细节处理之间的系统联系。精装修方案设计应是破解当前粗放设计之风的良药。

在设计中感触至深的便是，恰当的工程景观设计同样也是营造城市广场特色的重要手段之一。精装修设计阶段对选材用料的思考、对铺装纹样的选取与色彩组织、对各类小品的造型与搭配关系等进行的细致考量，尤其是引入恰当的文化符号融入细节设计之中的方法，将大大提升人们对广场的观感，甚至强化人们对城市广场特色的认知。对于总体创意不佳以及空间形态单调的城市广场，这种注重精细而又与文化关联巧妙的设计往往成为发展特色不可多得的途径。丰富的细节弥补了创意与空间形态等方面的缺陷，地域性的文化表现也使该类广场具有了发挥特色的空间。虽然本设计因各种原因未予实施,但从笔者近期所识的银川回族文化广场依靠细节发展特色的案例便可推知"于细微处见精神"之理。银川回族文化广场长方形的平面、轴线展开的序列、中规中矩的景点布局等并无太多精巧奇特之处,但由地方文化符号提炼的广场灯具造型、附着阿拉伯文字与精美浮雕的"星月"符号、伊斯兰文化中独有的植物卷草两方连续图案、伊斯兰尖券格栅构建的光影丰富的连廊等丰富细节赋予了广场独特的文化性格,并令人产生强烈的地域归属感(图 5-22:银川回文化广场)。谨借此案例以明精细设计之奥妙。

图 5-22　银川回族文化广场 （万敏 摄）

（本项目在设计过程中得到吴新华、龙涛、张强、刘堃、伍昕、冷浚等的协助与支持,特致谢！项目协作单位为武汉市花木公司。）

第四节　保康紫薇生态广场设计

保康位于神农架东麓的南河之畔,是一个典型的依水而筑的山城。由于城市处于由南河冲刷而成的沟谷地带,城市呈层级台地状分布,又由于每级台地的进深有限,故而在县城中要寻找具有一定空间进深的场地建设城市广场还是一件比较困难的事情。然而,21世纪初前后,由于县城顺河快速延伸发展,使原本离县城中心不远的长途客运站受制于交通情况而需外移,这为该县第一座城市广场——紫薇生态广场的建设带来了契机。总用地面积约2 hm² 的客运场成为广场建设的首选。该场址西临两条城市主干道——清溪路与光千路的交叉口,东靠紫薇林山,其上约50 m 高的山坡满布古桩紫薇种植园。广场西界长约150 m,其边界道路由北向南渐高出3 m,而广场用地则相对平坦,仅在东后部有一高出4 m 的台坎,再后则为衔接古桩紫薇林的陡坡。在清溪路与光千路的交叉口地段,有一座保康城市的标志性雕塑——九牛爬坡,这是广场空间营造中不可忽视的重要因素(图5-23:现状图)。

一、构思

设计需要解决的问题主要有2 方面:①如何将城市标志性雕塑九牛爬坡与广场空间连接为一体的问题;②广场西界与城市道路的高差如何处理与衔接的问题。

第一个问题的解决之道是以雕塑和山脊的连线为轴统领广场,围绕该轴形成渐收的道路,把雕塑引入广场空间,但该轴并非直线,而是一条流畅的曲线;当然,蜿蜒向上的线形也具有保康人民不屈不挠的进取精神寓意。至于广场西界与城市道路的落差衔接,设计处理方式是以广场与道路一致的衔接高程为准进行扩展,从而形成广场的主入口,适当调节广场高程,将主入口中线与广场结构主轴重合一致,并使广场主轴周边约20 m 范围内的边界与城市道路平整对接;而广场西南界与清溪路2 m 多的落差则顺势设置商业用房,用来调节高差,其屋顶成为广场的活动平台,半地下空间则用

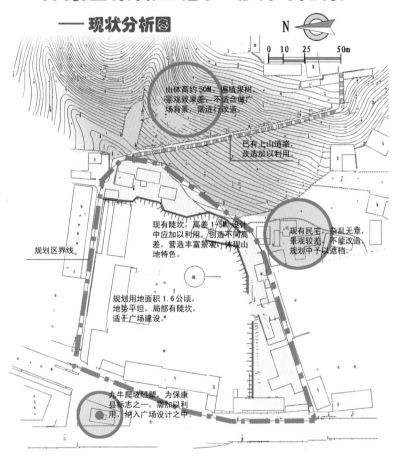

保康县紫薇生态广场设计方案

—— 现状分析图

N

0　10　25　　50m

山体高约 50M，遍植果树，
景观效果差，不适合做广
场背景，需进行改造

已有上山道路，
改造加以利用

现有陡坎，高差 1-5M，设计
中应加以利用，创造不同高
差，营造丰富景观，体现山
地特色。

规划区界线。

现有民宅，杂乱无章，
景观较差，不能改造，
规划中予以遮档

规划用地面积 1.6 公顷，
地势平坦，局部有陡坎，
适于广场建设。

九牛爬坡雕塑，为保康
县标志之一，需加以利
用，纳入广场设计之中

华中科技大学建筑与城市规划学院

2001.2

图 5-23　现状图　（吴新华 绘）

于商业活动。上述处理不仅使既有道路节点与广场空间衔接为一体，也使
具有坡降的道路与广场主平面有了自然过渡（图 5-24：规划结构）。

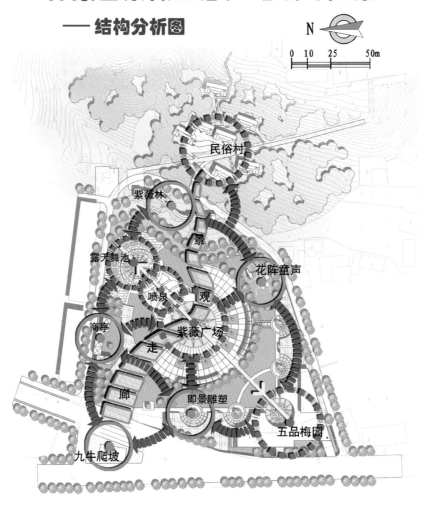

保康县紫薇生态广场设计方案
—— 结构分析图

N

0 10 25 50m

民俗村

紫薇林

景

露天舞池

花阵童声

喷泉

观

简亭

紫薇广场

走

廊

即景雕塑

五品梅园

九牛爬坡

华中科技大学建筑与城市规划学院

2001.2

图 5-24 规划结构 （吴新华 绘）

二、功能与空间布局

广场共分 4 个功能区：入口区、主广场、露天舞厅和五福梅园（图 5-25：总平面图）。

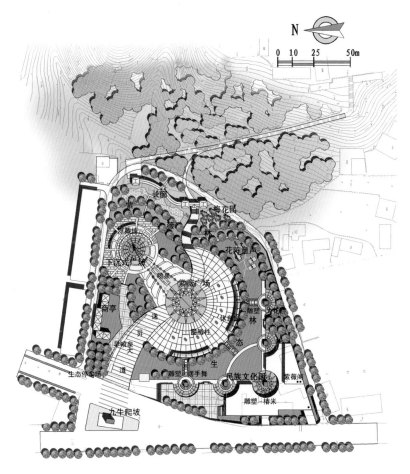

图 5-25　总平面图　（龙涛 绘）

入口区：呼应城市雕塑——九牛爬坡，曲线型道路用旱喷泉强化线形（图 5-26：九牛爬坡与广场的衔接）。北侧为生态停车场及商亭，南侧通向商业用房。

图 5-26　九牛爬坡与广场的衔接　（罗雄 摄）

主广场：主广场是人流汇聚的场所，被生态林所环绕；中置图腾柱，边缘设有休息廊（图 5-27：主广场及其高差衔接）。

图 5-27　主广场及其高差衔接　（罗雄 摄）

露天舞厅：主广场以喷泉引导，东北为露天舞厅，尽端设有文化雕墙，浮雕墙反映了保康地域特色的民俗文化（图 5-28：露天舞厅）。

五福梅园：广场西南为一层的商业用房，设有屋顶花园，局部与城市道路高差齐平。结合商业用房，设置有 5 个圆形的小花坛，每个中心置有古桩腊梅一株，并以梅形予以命名（图 5-29：五福梅园之一景）。

图 5-28　露天舞厅　（罗雄 摄）

图 5-29　五福梅园之一景　（罗雄 摄）

三、点评

　　在笔者的印象中，该广场设计方案很快就通过了评审，后续事宜由襄阳规划院同仁就近处理。然而，一年后的一次由神农架回汉之旅恰好行经保康，故特意到广场一探，大为惊讶地发现不仅广场已经建成，且还较大限度地尊重了原设计（图 5-30：广场组景）。这令人对保康县政府的工作作风与速度肃然起敬，这是一个令设计师非常省心但又忠实于原设计的广场。这也反映出"老、少、边、穷"不可欺！他们的谦和使其成为规划设计师最好的

159

拥趸！反思我国当前的城市建设工程规划设计，专家评审机制普遍存在，各式各样的领导汇报与专家评审往往成为"扼杀"设计创意的合法"机器"。其实一般领导，尤其是到达一定级别的领导还是会周全评价并面面俱到的，即使评价不太客观，设计师出于对方非专业的角度还可理解，难以理解的反倒是某些所谓的"专家"。专家肯定有专长，但若该专长演化为"钻牛角尖"之"钻"，其"单刀直入"的砍杀性评论，是难以服众的，也很难得到尊重。对于专家来说，恰如其分的评论、符合专业精神的态度不仅是尊重专业，更可为自己赢得尊重！

图 5-30　广场组景　（罗雄 摄）

（本项目设计过程得到陈纲伦、龙涛、李向锋、吴新华、李魁的协助与支持，特致谢！项目协作单位为襄阳市城市规划设计研究院。）

第五节　邓州古城广场设计

邓州位于河南省的西南部,也是南阳市最大的县级城市。建设于2008年的古城广场即位于该市中心位置的古城西南隅,其西以古护城河为界,北隔古城东西街——亦即当今的新华路,与市政府对望。该处明清时期的古城墙早已损毁,城内的历史街区亦荡然无存。高密度的低劣建筑、民房充斥其间,又由于经年缺乏市政维护,城内污水横流、垃圾遍地。本着疏减人居密度、改善旧城环境、营造市民休闲文化、打造城市窗口的目的,邓州市政府决定运用城市经营的手段划出 230 m×219 m 的用地进行公益与利益平衡式的开发建设。亦即在该用地范围内劈出一定的区域进行房地产并发与还建房建设,利用地产开发的土地收益来保证并平衡广场的建设资金。这是一个结合政府入口空间,具有城市行政文化窗口意味的城市中心广场。

一、构思

根据建设场地的现状及规划设计条件,设计需要解决的主要问题有 2 方面:①如何确定房地产开发区域与广场的面积比例,并做到投入与产出平衡;②如何通过广场建设凸显古城文化。

合理确定房地产开发区与广场区的边界,并使地产收益与景观公益达成平衡,是设计处理的要点。为此,规划设计采取多次渐进的方法进行经济平衡测算,即根据经验暂定一条分界线,以当地相应的土地价格、房产销售价格以及建设价格为依据分别评估并测算该线区划出的房地产开发收益、广场建设成本与土地收益,以广场建设成本与土地出让收益平衡,开发商有一定收益为判断标准来确定区划界线的左右位移,并重复上述过程,直至得到满意答案为止。最后达成一种为开发商与政府共同接受的用地分界,并依此对广场进行深化设计。规划设计最后确定的广场面宽为 120 m、开发区域面宽约为 89 m(图 5-31:总平面图)。开发地块与广场之间用分区道路隔开,既保证了公共区域管理边界的完整与独立,又使广场人气为商业活动增

色,从而为地块的顺利开发奠定了良好基础(图 5-32:鸟瞰图)。

水阵　邓州四贤浮雕　花坛树阵

护城河

跑泉景观带

树阵

古城墙观赏廊道

中国象棋园

古军事器械展览台

古碱墙遗址　农具趣味景观

商业办公楼

休闲步道

住宅楼

shopping mall

集会广场

邓州市市政广场规划设计总平面图

华中科技大学建筑与城市规划学院　2005.3

图 5-31　总平面图　(赵鑫 绘)

有关凸显古城文化方面,我们由以下 4 方面进行了组织与考虑:①保持护城河、城墙残骸的真实与完整,为此广场建设边界退让出古城残存;②对局部残存古城夯土进行粉喷固化,防止风化流失;③用浮雕、景石丰富广场文化内涵;④设置浮岛、棋阵、阅报、运动等文化休闲设施。

二、功能与空间布局

规划设置了 3 个功能区:主广场区、护城河历史遗迹保护区、地产开发片区。

图 5-32　鸟瞰图　（赵鑫 绘）

　　主广场区：含城市广场、入口置石、水阵、树阵、象棋园、地景浮雕等景点。广场轴线北临市政府大门，南接文庙街，地景浮雕沿该轴线布设，并形成视线导引；其西向开口接隔壁地产开发片区的道路。主广场的 4 角则划出绿地，上置水阵、象棋园等娱乐设施（图 5-33：广场总体鸟瞰）。

图 5-33　广场总体鸟瞰　（罗雄 摄）

　　护城河历史遗迹保护区：含护城河、城墙遗迹、护城绿带、沿河步道等景点与设施。城墙遗迹保存有一段，其周边环绕有步行道，遗迹面则用防护胶喷涂以免风化与氧化,其遗迹断面则成为邓州古城文脉的重要展示之地(图5-34:城墙遗址)。沿护城河设有截污管网,以保证河道水质洁净,并恢复原有河宽。

图 5-34 城墙遗址 (万敏 摄)

地产开发片区:开发建设用地总面积为 16149 m²,合 24.22 亩,约占总用地面积的 40%;容积率为 2.2,总建筑面积为 35500 m²;由南北向的 5 排住宅构成,住宅西侧设裙房,面向广场并形成商业门面。

三、点评

与很多新建广场因为缺少文化支撑而到处寻觅文化素材进行打造不同的是,邓州古城广场本身便是位于历史文化遗址之上的城市中心广场。这也是笔者第一次在有文化残留的遗址上设计广场。我国历史文化底蕴深厚的古城数量较多,且一般位于相应城市的核心位置,其人口高度密集,经年累积的违章搭盖现象严重;而城市管理者为规避矛盾、增大效益,往往将有限的城建资金投入到更"干净"的土地上进行开发建设,这使环境本来就杂乱无章的古城因市政管养的缺位而更加不堪重负。邓州市政府在该广场建设中奉行的上述思路,虽然当今已广为采用,但在当时的县级城市还属不为多见的探索。其利用市场撬动旧城改造与更新的实践,不仅具有恢复古城风貌与格局、保护古城遗迹、改善古城生活环境的实际功效,且其以护城河水系与防护绿地的生态恢复为驱动而引领文化、商业、居住、社会等的综合发展也非常符合当代以生态文明为主导的价值观（图 5-35：广场内景），由此需为当时的邓州市委、市政府点赞！

图 5-35 广场内景 （罗雄 摄）

（本项目设计过程得到赵鑫、李梓郁、马戈的协助与支持，特致谢！项目协作单位为邓州市城市规划设计室。）

第六节 唐河唐城广场设计

唐城广场地处唐河县城的西南部，其北临北京大道，并隔该大道与唐河县政府相望；其余三面为唐河博物馆、唐州大剧院、县政务区环绕，总规划面积约为 14.3 hm² （图 5-36：总平面图）。

一、理念捕获

设计之初，相关各方便明确了该广场"和谐"的主题与定位，故而，紧密围绕该主题并探讨适宜的形式语言表述，这是项目发展的关键。

"和谐"指不同事物的相互配合、相互作用，使得多种要素相互统一。《周易》倡导"与天地合""与日月合""与四时合"等观念，体现了人与天地之

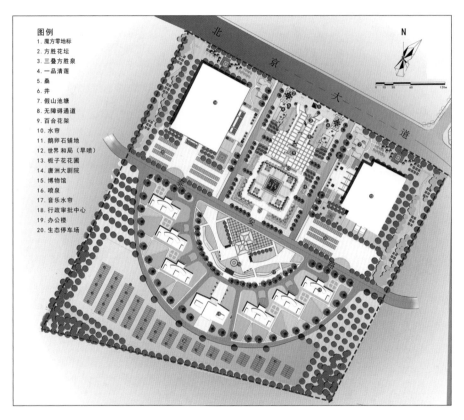

图 5-36　总平面图　（梁宇成 绘）

间和谐共生的关系；儒家崇尚"以和为贵""以和为美"的处世哲理；道家则主张"天人合一"等，这些均是对"和"的不同诠释。而在当代中国，"和谐"不仅仅是对传统思想精髓的继承，更成为人与人之间、社会各个阶层之间、国家与国家之间、人与自然之间相处的共同追求。"和谐"历经几千年的发展和传承，其寓意就像一坛老酒，历久弥香。如何将"和谐"的灵魂融入设计，体现人、自然、景观的协调与美好，唐城广场的设计创作便在此方面做出了一些探索(图 5-37："和"字结构)，下面给予说明。

二、设计运用

丝竹和鸣，黄钟大吕，这是音律的和谐，桃红柳绿，莺歌燕舞，这是自然

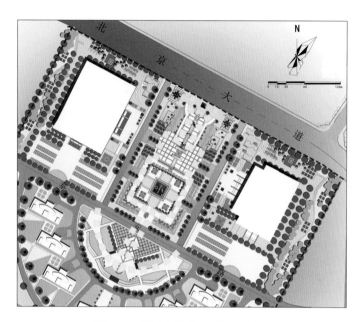

图 5-37　"和"字结构　（林玉琴 绘）

的和谐,世上万事万物生生不息,皆是以"和谐"为基础的。"和"可以理解为琴音之间的音律之和,也就是所谓的"声和"。而古体的"和"字有两种不同的写法,"禾"在"口"左边为金文之"和","禾"在"口"右边为篆文之"和",这种"左右逢源"的造字规律可谓"形和"。人际关系也需有"和",包括个人与家庭之间、个人与他人之间、人与社会之间关系的和谐,即通常所说的"人和"。人与自然之"和"的目标即"天人合一",可谓之"天地之和"。上述各种有关"和"的解读便成为唐城广场景观营造的立意之本(图 5-38:鸟瞰图)。

（一）结构——空间之和

广场东西方向各有博物馆和唐州大剧院围护,这两座建筑的平面投影均为"口"字形的。设计中,笔者将广场的结构按"禾"字关系组织,左右分别与两建筑的"口"字形平面构成"口禾"与"禾口",这使广场空间与周边建筑环境具有了"形和"的意味,也使广场空间结构体现出"和谐"的定位特点。

（二）节点——凝聚之和

（1）声和:设计利用铺装与喷泉底部的 5 条发光带来隐喻五线谱,而水

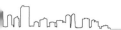

图 5-38　鸟瞰图　（吴少英 绘）

面上的汀步也呈现音符形态，同时利用广场南部的音乐水帘收形，并通过声、光、电动控制，营造音韵和谐的场景。

（2）形和：方胜是中国传统的吉祥装饰纹样，它由两个菱形压角相扣构成，故笔者将方胜图案运用于广场的核心区域，用代表吉祥的纹样来寓意形之和谐。中间的方胜为旱喷，四角各设计一个方胜状树池进行烘托，用金花米黄大理石和灰白花岗石拼合，来营造一份温馨和谐的气氛。各种手段均为使"形和"理念更为彰显。

（3）地和：我国作为世界上最早种桑养蚕的国家，对世界丝织文明的发展有巨大贡献，而井对于人类社会交往也具有重要意义。笔者将具有美好寓意的"桑"和能吸取地下灵气的"井"组织成景观，取"桑"中之"禾"与"井"中之"口"来寓意大地的和谐，塑造"地和"理念。

（4）天地和：魔方也被称为鲁比克方块，作为世界三大不可思议的智力游戏之一，是人类智慧的体现。笔者借魔方为媒介，连接天地，烘托"天地人和"的理念。该景点在实际操作中被具有魔方意象的"唐"字地标替代，寓唐河承接天地，实际效果也是可接受的（图 5-39：唐字雕塑）。

三、点评

该广场也是笔者的设计作品中，实际与预期偏差最大的广场之一。主

图 5-39 唐字雕塑 （罗雄 摄）

要反映在:①主广场内,笔者原本想通过一些更精细的划分与处理来填补大面积广场的"空虚",并使主广场的景观表现力更丰富,也能吸引更多的人在此驻留。但该想法在实施中未得到支持,可曰缺乏"群众基础"。故而原本布局于广场中部的一些方胜类景观均被取消,广场的硬质铺装变得更大,其效果更为"宏伟"(图 5-40:广场全局鸟瞰);②原先有关"和"的思考及其细节构造信息损失较多,除在结构布局上有所体现之外,其他均未得到实施;③入口增设的巨石对后部的唐字雕塑的完整性有一定影响。虽然方案变化较大,细节损失较多,但广场空间的整体性还在。又由于该广场所在地为统筹规划新建的环境,广场周边的围护建筑亦属县级重要的公共建筑,其设计方案是优中选优的产物,这为广场取得良好的整体空间效果奠定了基础(图5-41:广场内景)。

虽然广场的建设实施效果与设计预期有偏差,但并非意味着偏差就不好! 像广场核心部位景观的删减对周边重要建筑就有良好的陪衬作用。虽然风景园林学科与行业领域对失绿或少绿的广场颇有微词,但在城市空间中,广场毕竟还需为空间环境的整体性与重要建筑的观赏服务,故而大多欧洲国家的城市广场便是一棵树都没有的,但其广场并不缺人气。围护广场空间的建筑艺术欣赏,广场界面与周边建筑功能、尤其是商业功能的衔接更

图 5-40　广场全局鸟瞰　（罗雄　摄）

图 5-41　广场内景　（罗雄　摄）

加紧密,这些也是城市广场设计中需要思考的重要方面。还有一点让笔者感触至深的是,我国城市政府领导及其建管部门的专业审美与价值判断能力经近 20 年的"磨练",有了极大提升。

（本项目在设计与实施过程中得到石东明、吴少英、林玉琴、梁宇成、李燕飞、朱佳轩、黄利华、温海俊、吴璨、杨琼、黄雄、李理等的协助与支持,林玉琴参与了初稿写作,特致谢!）

第六章　文化广场设计四例

第一节　南阳武侯祠文化广场设计

笔者儿时就异常喜爱三国故事,尤其崇拜充满智慧的诸葛亮,但未曾料到与诸葛亮会有如此深厚的缘分。自 2001 年以来,在诸葛亮亲历躬逢的三个重要地区——襄阳、赤壁、南阳,笔者有幸为每一座城市设计过一个广场。无一例外,当地政府均将"反映三国文化及诸葛亮"作为广场设计的主旨。有关该主题的每一次设计思索均提升了笔者对诸葛亮的认识,最后以诸葛亮为代表的三国文化竟似烙印于笔者的血脉之中,激发出作者内心强烈的创作欲望,而南阳武侯祠文化广场之立意便源于由其引发的灵感。

一、现状:环境概况与要点简评

南阳武侯祠文化广场是国家一级文物保护单位武侯祠的入口空间,位于南阳市东西向主干道卧龙路的西段。该道自武侯祠继续往西则跨越卧龙岗,直通湖北老河口,往东则深入城市腹地。

武侯祠文化广场现状的建筑环境复杂、空间秩序混乱。其四周有屠宰场、工厂、烈士陵园及民宅等 10 余栋房屋;西部为卧龙岗岗头;北边为武侯祠;东南部的建筑建于近代且与历史文化环境格格不入。另外,这些建筑与武侯祠的空间轴线毫无联系。整理各种空间因素并建立一定秩序,是规划设计的难点(图 6-1:现状图)。

卧龙岗是诸葛亮躬耕之地,经大尺度的卧龙路切削,岗地风貌破坏无遗,而该道路还具有城市西入口性质,因此,结合城市交通的通达、对历史文化的保护,以反映城市特色的整体利益为权衡,需要我们从战略高度出发,调整、优化城市对外交通格局,这是本次景观设计与城市总体规划所需协调

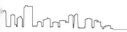
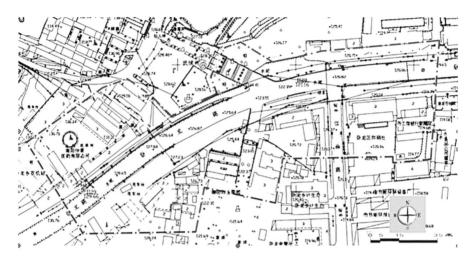

图 6-1　现状图　（吴亭 绘）

的关键。

　　武侯祠文化广场现状用地是尺度约为 90 m×250 m 的狭长形地块，规划设计总用地面积约 2.1 hm²。

二、立意：一张历史地图引发的"躬耕地"之争

　　虽然学界依据六朝至唐宋的史料对"诸葛亮躬耕地"的"襄阳说"有较为明确的认识，但亦非无懈可击，持"南阳说"的学者为此作了不少反证。该议题至少始于元代，因此南阳、襄阳有关"诸葛亮躬耕地"之争已延续了 1000 余年。

　　"隆中"在汉水（现称汉江）南岸之滨，西距现襄阳城约 10 km，并因《隆中对》闻名。但 1982—1988 年出版的、具有权威性的《中国历史地图集》中的三国行政疆域区划将南阳郡与南郡裁定为以汉水为界，这样，"隆中"就非汉水北岸的南阳郡而为汉水南岸的南郡辖地了，这与诸葛亮《前出师表》中的"臣本布衣，躬耕于南阳"的自述显然相左。为此，该书主编谭其骧先生于 1990 年 3 月在上海召开的一次诸葛亮研讨会上发言更正，但谭先生还未及该书再版更正便仙逝了，这为"诸葛亮躬耕地"的千年之争又平添了一宗悬案。

　　设计灵感由此而生，一张三国历史地图引发创作构思的冲动！

172

该三国历史地图可作为主控广场的设计要素,将广场的铺装图案按三国历史地图进行设计,使人们平心静气地漫步于广场之时能体味历史与文化(图 6-2:总平面图)。魏、蜀、吴"三国"当然要用不同的材料铺面给予区分。地图上的河流、海洋、城市等均可成为丰富的构图要素。

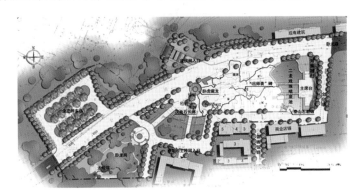

图 6-2　总平面图　（吴亭　绘）

三、秩序:场所环境乱象之整理

　　武侯祠、烈士陵园有两条不同历史时期形成的、互不关联的轴线,但卧龙路及周边建筑与这两条轴线毫无联系且关系拙涩,有必要以广场空间为支点组织新秩序,使该秩序能妥善解决停留、观光、集会、交通等问题,并协调好武侯祠、烈士陵园及卧龙路的空间关系。广场作为上述因素的包容空间,要承担起组织新秩序的重任。

　　在广场较为合适的位置设立一条东西向的新轴线,并将武侯祠、烈士陵园的轴线与新轴线的交汇点设成两个景观节点;在新轴线东端另设一个景观节点,并考虑三个节点分布的均衡,同时衬托、突出武侯祠空间轴线延伸节点的核心地位。

　　以烈士陵园与广场东西主轴的交汇点为支点,与清代文物龙蛟塔连线形成主轴的空间转折,并使环境中的各重要景观节点连接为一体,形成有统帅作用的新秩序。

　　在广场东南角的武侯祠空间轴线延伸处设置地物标志——石敢当,以规避空间主轴与不良建筑环境的直接碰撞，并使空间组织张弛有度，收发可控（图 6-3：空间秩序分析）。

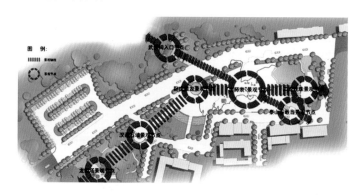

图 6-3　空间秩序分析　（汪灵　绘）

由此形成两主一副的三条轴线，这三条轴线有机地将原本互不关联的空间要素组织为一体。

四、手法：文化主题之妙用

三国地图：三国历史地图有多种版本，本设计借鉴的三国历史地图取自引发近代"躬耕地"争议的谭其骧先生所编的《中国历史地图集》。设计将争议点"南阳"置于两主轴交汇的核心。无独有偶，南阳恰为中国地图之形心，为突出该点，特于该处设立一华表立柱，其上摹刻《前出师表》。

河流：利用地图上黄河、长江的多姿形态，采用 20 cm 至 40 cm 宽不等的细流，形成"曲水流觞"景观。渠底设置水下光带（图 6-4：夜景效果），渠道在广场宽阔处用玻璃砖覆盖，其余部位人可触摸流水。令人击节的是：场地坡向恰好西高东低，这与我国地貌表现一致。用当今时髦术语表述可谓之"天人合一"。

东海："黄河、长江"向东汇入"东海"，这里是音乐喷泉表演的极佳位置。与一般喷泉水池不同的是，其边界呈不规则形且模拟部分中国海岸线。

藏龙卧虎：黄河、长江的源头同出一处，中华民族同祖同源，"源"与"圆"谐音，故在水系源头采用圆形统合。一股涌泉来自圆心，涌泉周边散布出自南阳西峡的恐龙蛋，以昭显中华大地为"龙之故乡"，还有诸葛亮的"卧龙"

图 6-4 夜景效果 （伍昕 绘）

之寓。

百子同春:在节庆广场西部的硬质铺面中种植四棵树龄逾百年的大树，它们分别是柏树、栀树、桐树、椿树，象征南阳"四圣"[①];谐音为"百子同春"，寓意南阳沃土曾养育过"四圣"，而今更是人才辈出，是藏龙卧虎之地。

城市地名:广场地图铺装上三国时期的重要城市均用一点状旱喷泉标示，喷出高度小于 60 cm 的塔松水柱。为增强识别性，特在其下方用青石标明城市名称。

五、感悟:以地域文化塑场所之魂

当今的广场从南到北、从东至西呈现出如下的场景:大面积的硬质铺装、几何线条的分割组合、光鲜的草坪，中间的大水池及点缀其间的几个索膜结构的顶。价值盲从与缺乏创新使城市广场建设已有"八股"之嫌。而从地域文化中汲取营养应为化解城市广场特色危机的妙方之一，因为地域文化所具有的唯一性或言无二性特质是产生特色的重要基础。

地域自然同样也具有唯一性特征，地域文化与地域自然的本质区别在于人的作用。这种区别对于现代意义的景观营造至关重要，再好的美景无

---

① 南阳"四圣"指"医圣"张仲景、"科圣"张衡、"智圣"诸葛亮、"商圣"范蠡。

人观赏、无人活动,则好比是一个无人知晓的外星球;而在一定场所内,围绕人的存在发挥为人所感、为人所知、为人所用的功能,这才是景观的精髓!

通过南阳卧龙文化广场结合地域文化的设计实践,对以下几点感触至深。

(一)对非物质性地域文化的关注

地域文化所表现出的遗存、形式、格局、规模、风貌等物质方面的因素一般易为人直接感知,设计者也易从类似方面切入来吸收养分;而像民俗风情、思想传统、伦理、民族工艺等地域文化所具有的非物质方面的内涵却往往被忽视。殊不知非物质性的地域文化所产生的激荡更为持久,其影响也更为深远。

南阳武侯祠文化广场的立意表现虽为一张"图",但在深层次却表达了南阳人民希望将诸葛亮之"根"留住的深厚感情。这种感情1000多年前就已爆发且持续至今,以致成为一种思想传统,这便是南阳特有的非物质性的地域文化(图6-5:鸟瞰图)。其具有深厚的群众基础,易于激发当地人民的思想共鸣,故作用面广且持续。因此,三国历史地图在设计中的运用,一方面,为保护、展示地域文化提供了物质条件;另一方面,也更重要的是使广场成为进行爱家乡、爱祖国教育,培育民族精神,增强凝聚力、向心力的有效载体。

(二)有关地域文化的抢救与保护

我国城市建设的大发展使其历史痕迹正快速从中消失,谁能将其多保留一点,谁就能在未来赢得更多关注。在社会经济激烈竞争的今天,地域文化遗存作为城市人文的精华,对提升城市知名度、凝聚市民共识、塑造城市精神以至增强城市竞争力均有重要意义,这已为广大社会有识之士洞晓。

南阳城地处平川,竖向空间的变化本来不多,但其任一地势凸起之处均蕴含地域文化之宝藏,似地域文化之富矿。像独山是南阳玉文化之源,王府山是明南阳王府的镇山,而卧龙岗则是诸葛亮的躬耕地。然而,颇具"现代气魄"的卧龙路却严重切削卧龙岗,60 m宽的汽车时代尺度严重胁迫车马时代的文明。从城市空间来感受,卧龙岗有名无实!南阳不少有识之士惊呼:皮之不存,毛将焉附?卧龙岗地不存,又何以能"藏龙卧虎"?因此"复岗""封路"之说一度在南阳当地成为社会及文化领域的一种强音。

图 6-5　鸟瞰图　（吴亭 绘）

　　然而卧龙路是"尾大不掉"。作为业已形成的、贯彻东西且具有综合交通功能的城市主干道,若不从城市总体规划层次进行协调并探讨功能异变的可行性是寸步难行的;即便可行,若无充裕的时间进行部署与准备,见"封"使舵又谈何容易。因此本设计总的原则是赞成复岗、封路,但考虑近期实施的难度及协调过程的长期性,本设计将保持道路四车道的基本宽度作为一种过渡(该道城区段为六车道),并为将来的复岗留有余地。

　　虽然本设计并未最终实现复岗目标,但设计过程中对地域文化遗存所持的保护态度及对该目标的不断诉求,为遏制对卧龙岗地的进一步破坏,甚至使情况向好的方向发展均尽了微薄之力,并产生了良好的社会影响。

（三）设计与地域文化尺度的适配

　　在漫长的历史发展中,随着年代的日渐久远和人口的变迁,景观易貌,地理范畴也就变得越来越模糊;而领会角度的不同及观察理解的差异,对地域文化的认识也有较大差别,因此对地域文化现象的理解有歧义是正常的。但地域文化终归有一定尺度范畴,脱离了该范畴,设计与文化之间所表现出的关系就既非有机亦非内在,而可能呈现出一种牵强与生硬。像山西某地广场完全照搬天安门、天坛等的做法就完全忽视了地域文化尺度的概念,混

淆了地域文化与领域文化的区别①,因而形同一出景观闹剧。

南阳武侯祠文化广场就紧紧围绕三国时期蛰伏南阳地区的诸葛亮做文章;出师表、广场铺装中的历史疆界、历史地名、藏龙卧虎等景观的塑造均未出其文化尺度之右。设计所隐含的对南阳人民深爱诸葛亮的历史传统等非物质性文化的探求,更凸显了对地域文化尺度的准确理解与把握。

因此,设计师需针对不同的设计对象寻求与其地理归属一致的地域文化作为设计创作的支点。这需要设计师对设计对象所处地域文化的本质特征有一定了解,而非一知半解;特别是不要混淆地域文化与领域文化的区别,使地域扩大化,否则可能产生令人啼笑皆非的结果。

(本项目在设计过程中得到吴亭、伍特煜、王垒、汪灵等的协助与支持,特致谢!)

第二节　九江南山文化广场设计——爱莲文化的场所表达与避灾功能的结合

一、项目概要

九江是一座具有2200多年历史的江南文化名城和旅游城市,十里片区是九江"一核四组团"的中心城区之一,南山广场便位于十里片区中部,这里也是九江市庐山区的核心(图6-6:现状与范围)。项目范围界定在南山路以北、十里大道以东、螺丝山以西的区域,九莲路则南北向从中穿过。广场规划用地面积有4.73 hm²;东侧的螺丝山是以九江人民英雄纪念碑为主导的红色旅游基地,这里也是广场的协调考虑区,其入口区面积有7.03 hm²。宋代著名理学家周敦颐及其后人居住地旁边的濂溪从基地西部穿越。

根据上位规划的要求,地块北部有市级公共建筑——博物馆、艺术文化中心面向广场布局,这是广场需要考虑的重要衔接要素。根据九江人民防

①　领域文化即民族、宗教甚至文化圈等范畴的文化。相关论述参考:路柳. 关于地域文化研究的几个问题[J]. 山东社会科学,2004(12),88-92.

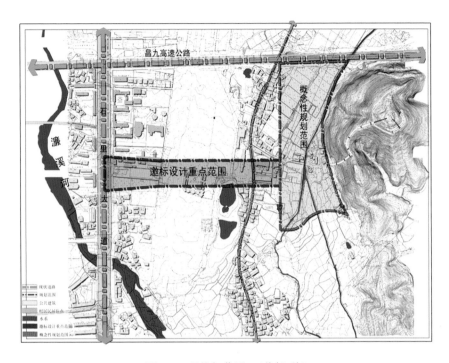

图 6-6　现状与范围　（徐娜 绘）

空办公室的要求,广场还将实施具有平战结合特点的、能衔接周边重要公共
建筑人防空间的地下工程。

我们将广场的功能定位为:南山广场是集城市休闲、文化展示、步行商
业、小型集会、露天展览、红色旅游于一体的,结合九江地域文化和十里片区
地方文化特色的,具有平战结合特点和城市避灾功能的城市形象窗口。

二、思想立足

（一）关于广场文化主题定位的思考

九江城的历史文化精彩纷呈,然而我们发现不同时期、不同内涵的文化
在九江均有相应的对应场所。例如,水浒文化的展现舞台在因宋江题反诗、
李逵劫法场等故事而名噪天下的浔阳楼;三国文化的表现空间则在周瑜曾
操练水军的烟水亭;诗文艺术展现的舞台是因白居易的《琵琶行》而闻名的

琶琶亭;近现代文化的表现空间在沿江老城的租界区;佛学文化的表现空间在能仁寺等(图 6-7:九江历史文化及其场所对应)。因此,场所空间的文化主题定位是有一定文化尺度限制并需要一定的人文内涵做支撑的,这就要求设计师在主题定位之时能将所在地的各种文化了然于胸,这样才能规避设计中的文化搬运与堆砌现象,从而避免文化"泛化"的问题。这也是我们将该广场的文化主题定位为在濂溪旁长居过的周敦颐及在此孕育的"爱莲"文化的重要原因。

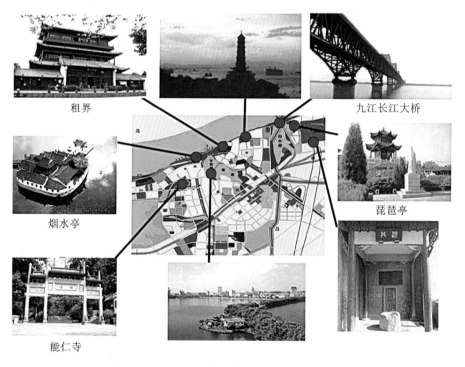

图 6-7　九江历史文化及其场所对应　（徐娜　绘）

（二）关于广场地下空间利用的思考

广场有一定的空间包容量,其地下工程建设时涉及的关联问题又相对较少,尤其是在城市中心地带,利用广场组织地下空间无疑能提高土地使用效率,并在经济、文化、生态、社会等方面有明显的综合优势。故挖掘并发挥广场的地下空间潜能已成为我国当前城市广场建设的一种新的苗头,像北京西单广场、济南泉城广场、武汉国际会展中心广场等,均是结合地下空间利用的较为成功的佳例。

广场因良好的环境与景观效益而有聚集人气并关联带动周边物业、提升地产业价值的作用。利用广场的上述效能,复合开发其地下空间,在保证广场上部城市景观宜人的同时还能提升广场的附加值。具体有:①结合入口的下沉空间会丰富广场的空间效果;②地下空间的商业开发也会带来更大的商业利益;③地下热能利用将为广场休闲提供更为多样的享受;④此类地下空间结构布局不受上部的建筑柱网限制,因而更具结构优化与经济的特点;⑤提高城市土地利用效率;⑥可结合人防、避灾等功能发挥综合效益等。

(三) 关于广场避灾功能的思考

广场作为城市开放空间的核心,历来在城市防灾中扮演着重要角色,普遍认同的主要作用有[①]:①广场是地震灾害时的第一躲避空间;②广场还是灾后重要的临时安置空间。

根据相关研究,地下空间较地面建筑具有更好的抗震功效[②],其疏散口因设置在相对开阔的公共空间,被掩埋的可能性也更小,故而其在地震灾害中具有更佳的功能表现。具体如下:①可作为公共应急物资的储藏空间;②可作为城市抗震救灾的指挥中心;③可作为具有恒温空调作用的、相对安全的、兼有遮风避雨功能的临时安置中心;④可作为城市应急发电中心;⑤可作为应急抢救中心等。若此类地下空间能平战结合利用,其使用功能更可进一步"升级"。

具备城市抗灾中心功能的广场及其地下空间在设施配套方面也应有一定的特殊要求,笔者以为下述内容可为择用:①广场灯具应采用太阳能系统,在节能的同时还具有灾时应急照明功能;②广场地下应配置应急发电系统以满足急救、通信、指挥等需要;③广场应配置广播系统以满足应急时的信息发布要求;④广场地表应设置一定数量的宣传栏以备灾时寻人、寻物;

---

①　吕元,胡斌. 城市空间的防灾功能[J]. 低温建筑技术,2004(1):25.

②　陈志龙,郭东军. 城市抗震中地下空间的作用与定位的思考[J]. 规划师,2008(7):23-25.

⑤广场应有应急安置预案,尤其要划定临时厕所位置,并预留足量的给排水与污水处理设施;⑥广场的造景水系应具备为应急厕所供水的功能;⑦广场地下应设置一定的公共生活物资储藏空间;⑧地面与地下应预留一定的电力接线设施等。

汉川地震敲响了公共空间避灾功能建设的警钟,广场作为开放空间的精华与核心,理当在城市防灾格局中有重要的位置,其规划设计经验值得我们探讨与总结。

三、布点设局

本着衔接螺丝山山体公园入口空间的原则,考虑与市级公共建筑——博物馆、艺术文化中心的地表与地下空间的点对点呼应,针对广场周边片区功能与结构的协调与呼应,确定的景观格局为"三心构主轴,四廊连两片,六点竞纷呈"(图6-8:规划结构)。即"一轴、两片、三心、四廊、六点"的规划结构(图6-9:总平面布置)。

一轴:是横向贯穿广场与螺丝山的主轴。

二片:分别是南山广场片区与螺丝山入口片区。

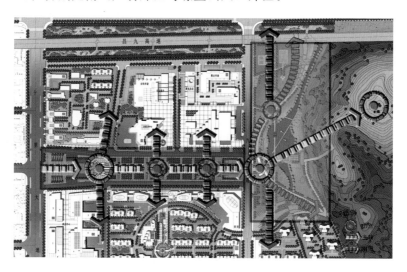

图6-8 规划结构 (徐娜 绘)

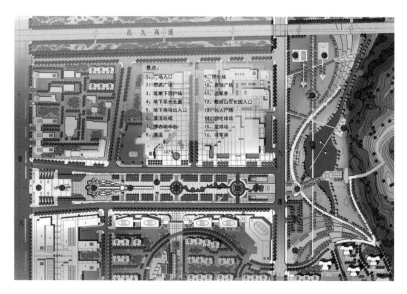

图 6-9 总平面布置 （方青 绘）

三心：分别为莲瓣下沉广场、螺丝山红色主题公园入口、螺丝山山顶景观亭。

四廊：分别为莲瓣下沉广场与南北道路所形成的视觉廊道，螺丝山主题公园景点间形成的视觉廊道，濂溪咏倡与艺术文化中心的接应关系，博古颂今台与博物馆之间所形成的接应关系。

六点：分别为莲瓣下沉广场、濂溪咏倡、博古颂今台、螺丝山红色主题公园入口广场、名人广场和螺丝山山顶景观亭。

四、形意妙表

（一）高贵之莲

"予独爱莲之出淤泥而不染，濯清涟而不妖，中通外直，不蔓不枝……"

周敦颐在《爱莲说》中对莲花的衷心赞誉之辞成为广场主要空间的立意之本。广场前部空间以莲瓣为形并使该空间下沉设置，花瓣之蒂连接简洁明了的玻璃券廊，暗合"中通外直，不蔓不枝"之意（图 6-10：莲瓣下沉空间效果 1）。其下则成为地下空间的采光与商业共享空间（图 6-11：莲瓣下沉空间

效果2）。

图 6-10 莲瓣下沉空间效果 1 （方青 绘）　　**图 6-11 莲瓣下沉空间效果 2 （方青 绘）**

（二）君子之莲

"予谓菊,花之隐逸者也;牡丹,花之富贵者也;莲,花之君子者也……"

周敦颐对莲花的推崇之意不仅成为广场"花之君"定名的依据,我们还赋予其人格化意义,并由此而将广场分划为"莲品""莲爱""莲颂"三个区(图6-12:广场三区)。

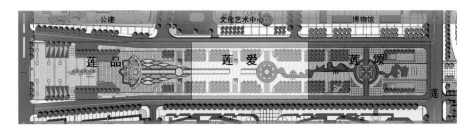

图 6-12 广场三区 （徐娜 绘）

莲品区:以莲瓣外形的下沉广场为核心,玻璃采光券廊为莲茎,以形点题。

莲爱区:以周敦颐爱莲之典故为主题,用周敦颐塑像的形式来纪念这位思想家。

莲颂区:以曲水附依的众多浮莲小筑为主题。从西向东按历史时序安排历史人物即景雕塑,从文化名人到革命战士,以莲颂人,同时体现广场空间由爱莲主题向螺丝山红色主题的过渡(图6-13:总体鸟瞰)。

图 6-13 总体鸟瞰 （方青 绘）

（三）祈福之莲

　　莲花是吉祥如意的象征，故以其形意来塑造城市避灾空间则更含一层吉祥与祝福之深意。广场的地下工程分为两个部分，广场西边的部分为一般地下商场；人防空间设置在广场的东部，其面积有 15380 m² ，南北两侧分别有地下连廊与其他公共建筑的人防空间衔接。由莲瓣形下沉广场的两边曲梯而入，过下沉广场中心的莲池水景，进入地下商城；商城的中部有代表莲茎之意的玻璃券廊形成引导，这也是商城的共享空间，由此可进入人防空间。

　　广场既是第一避灾空间，又是灾后的重要临时安置场所，我们特为此作出防灾预案，并根据预案安排相关避灾设施。根据计算，广场在灾时可搭建帐篷面积约 15000 m²，能临时安置约 5000 人（图 6-14：夜景效果）。

图 6-14　夜景效果　（伍昕 绘）

（本项目得到罗文、方青、徐娜的协助与支持，特致谢!）

第三节　竹山县郭山歌坛设计

一、户外空间之"精神"迷失

假如说户内空间是人类赖以生存的"物质"家园，则户外空间就可称为人类的"精神"家园！下面我们通过一个现象来说明户外空间之于人类"精神"的作用。

惩罚罪犯的惯常做法是将其关入封闭的室内空间——牢房，并使其不能享受开放空间的自由；而"放风"——即囚犯们能到牢房外部由高墙围合的有限的户外空间中活动，便成为囚徒们每天的希冀与期盼。在此，户外空间对人的核心价值——自由生存之"精神"意义已昭然若揭！此案例虽然极端，但没有超出人类"精神"的"边界"；而一般科学理论均对事物发展的"边界"条件非常看重，边界也是科学理论揭示"规律"的必要与重要条件。

我们再来考察与上述情形完全不同的一类人群——流浪汉，这应是反映户外空间场所精神边界的另一极。

流浪汉是高度依赖户外空间生存的一类人。他们与有稳定的户内居住场所的囚徒们相比，显然是居无定所的，可以说他们在"物质"生活方面的贫乏与不稳定性远胜囚徒。然而，他们却拥有囚徒们梦寐以求却又难以得到的"精神"享受，亦即能体验户外空间所具有的活力及自由。从历史的基因来考察，他们在户外空间中的生存技巧甚至还类似人类的先祖，这使他们具有一些身处稳定社会框架中的人骨子里所缺失的东西，一种浪迹天涯、悠闲自在、游荡人生的情怀与状态。因此，他们的"精神"层次较囚犯要高，他们的"精神"生活较囚犯也更为丰富，这便是户外空间所能给予的东西。

公共性的户外空间有如此重要的作用，是当前得到城市规划与建设者们高度重视的原因，这也使我们的城市建设逐步摆脱忽视户外空间的阴影，而过去一度主导城市建设活动的是对建筑户内空间量的追求，其结果是使城市变成了偏重物质功能的"容器"与混凝土森林，得到量的满足后，人们发

现城市户外空间已成为"精神"的荒漠！

然而当前城市公共空间的奢华化又使我们从一极走向了另一极。到处的硬质铺装、过量的精制园林、不合时宜的灯光夜景、昂贵而又脆弱的喷泉、大尺度风格化的绿地等，使城市景观多了一份奢华少了一份宜人，多了一些尊贵缺了不少平凡。尤其令人费解的是，不少城市一方面对城市特色所赖以为继的自然山水与文化街区"大动干戈"，企图将其"漂"成一张"白纸"来书写所谓的"最新最美的图画"，另一方面却又不遗余力地在人工环境营造方面为"制造特色"而不惜工本。

现代人已被不断膨胀的创造力冲昏了头脑，急功近利的思维使设计师来不及甚至不屑于去领悟自然之妙趣，而这本来应属设计创作的支点。

因此，在户外空间中寻找一些自然景观富有变化的要点，以借助自然力宣示人类的观念与价值反倒成为一种难能可贵的思维。这本是我们东方文化的创造，是古代先民在众多实践中体悟出的道理，所谓"天人合一"便是将自然景物与人工环境高度结合的一种写照。本节案例——竹山县郭山歌坛，便是以这样一种思想为指导进行设计的。

二、现状简述

郭家山是湖北省竹山县城堵河之滨的一座独山，该山也是城区最为显著的自然地标。其东西长约 296 m，南北最宽处约有 330 m；山体海拔最高点为 335 m，这较周边城市道路高出 55 m，也比堵河平均水位高出约 84 m。城西路位于山之东，堵河位于山之西，东南部山体有隧道与滨水道路及城区相连。如图 6-15 所示，因堵河与城西路的环绕，基地为近椭圆的形态，总规划用地面积约 2.8 hm²。如何借助山形、山势适当加以人工点缀，以便发挥自然力的功效而为彰表地域特色服务便成为设计创作的主要考虑方面。

"巴域"是一个文化地理概念，有着广袤的空间进深。张良皋先生认为，极盛时期的古代巴国疆域东至奉节，西至宜宾，北接汉中，南及黔涪（今贵州

图6-15 现状图 （吴狄 绘）

北部），而湖北省竹山县即位于"巴域"的重要国家庸国的中心①。将巴庸文化内涵赋予郭家山，将使这个小型的城市山体绿地发挥超凡脱俗的功效（图6-16：区位图），这对塑造具有鲜明特色与形象的竹山、提高该县文化品位、打造知名旅游品牌、充实城市居民的文化休闲生活是有实际意义的。结合古

---

① 张良皋. 巴史别观[M]. 北京：中国建筑工业出版社，2006：239. 下文有关庸文化的论述与资料均参考该书。

代巴人能歌善舞的特点,我们将该山体绿地命名为"郭山歌坛"。

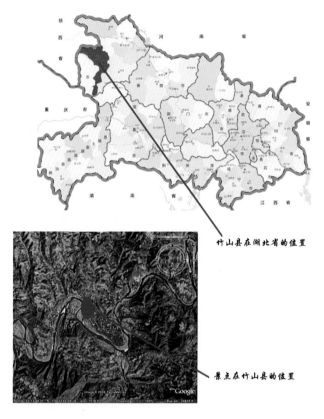

图 6-16　区位图　(吴狄　绘)

三、功能定位与分区

以庸国的非物质文化影响为依托勾画景区景点,弘扬传统文化,凸显庸国文化风情;并配合堵河城区段沿岸的生态建设,保护自然山水、修复大地创伤、完善人居环境;同时以旅游开发为目标,为人们提供一个具有独特文化与生态体验的场所;强调景区作为竹山旅游品牌的特殊地位,为中外游人提供一个认识古代庸国、了解时代竹山的窗口;创造一个集旅游观光、寻古求源、文化娱乐于一体的综合性文化生态游园(图 6-17:总体鸟瞰图)。其功能定位可概述为:"郭山歌坛"是以历史文化弘扬为重点内涵的,为打造竹山旅游品牌而服务的,具有旅游、知识观光、历史文化教育、纪念、休闲、健身、生态体验、歌舞表演等综合功能的,公共性、开放式的城市山体公园。

图 6-17 总体鸟瞰图 (李在民 绘)

根据上述定位,结合旅游设施的合理配套、旅游活动组织、城市居民的休闲娱乐,综合考虑公园的环境现状等自然与人文要素,本着利用特色旅游资源的磁性、采撷自然山水之灵气的理念,特将景区划为 2 个功能片区,以便形成资源有效利用、方便游览、方便管理的分区结构。2 个功能片区分别为观演区与生态休闲区(图 6-18:总平面图)。

(1)观演区:包括空间核心——"燎"及其周边环境,形成以表演、纪念、观景、群众娱乐等功能为主的区域。

(2)休闲旅游区:观演区以外的其他区域,包含四轴尽端的 8 个景点,形成以庸文化欣赏、休闲、登高望远、临水观江以及停车服务等功能为主的区域。

四、布局结构

根据山体空间的竖向特征,结合功能定位及竹山县县城山系空间的分

1	2	3	4	5	6	7	8	9	10	11	12	13	14	15	16	17	18
入口广场	休息平台	燎、郭山歌坛	高炉	熏风台	谷丰坪	丰隆车	出口广场	望山表	玄武池	干栏石	补天石	庸王钟	青石园路	碎石小路	巫姑像	伏羲像	巫谢像

景区用地平衡表

类别		用地规模（ha）	占规划用地比例	备注
建筑	建筑	0.17	6.1%	
道路	步行路	0.22	7.9%	
	停车场	0.15	5.3%	
绿地	林地	2.06	73.5%	
水体	水面	0.04	1.4%	
广场	广场	0.16	5.7%	
本部分合计		2.8	100.00	

图 6-18　总平面图　（李在民　绘）

布特色,考虑游客的观光游览需求,考虑规划区范围内的特色自然与人文环境,确定景区的布局结构为"一燎、一环、四轴、八点"(图 6-19:规划结构)。

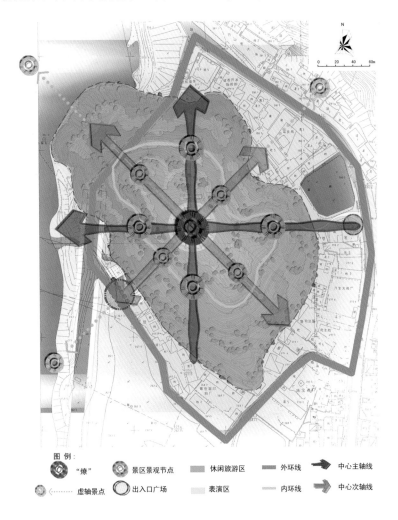

图 例：

⊙ ……"燎"　　◎ 景区景观节点　　▨ 休闲旅游区　　▬ 外环线　　➤ 中心主轴线

◉ ⋯⋯⋯ 虚轴景点　　◎ 出入口广场　　▨ 表演区　　— 内环线　　➤ 中心次轴线

图 6-19　规划结构　（吴狄 绘）

（1）一燎：以山顶的索膜结构为主体,利用山体的天然高举环境,使"郭山歌坛"成为景区和竹山县的视觉中心与形象突出的地标(图 6-20:索膜结构效果图)。

193

图 6-20　索膜结构效果图　（易福成 绘）

（2）一环：山的中部沿等高线设一个环道串联 8 个景观节点。

（3）四轴：以东西、南北两条轴和两条 45°放射线贯穿四灵、五行、八卦，以展现传统文化。

（4）八点：景区内 8 个节点对应"庸国方隅"的内涵，8 个景观要点分别为玄武池、补天石、庸王钟、鬲炉、熏风台、谷丰坪、丰隆车、望山表。

五、来自远古燎祭的启迪

（一）索膜结构与"燎"

根据有关研究，上古人物"祝融"又名"祝庸"，亦即庸国的始祖。祝融的官职为"火正"，即古代管理火的机构的首脑，其主要职责有三：①观象授时；②点火烧荒；③守燎祭天。

自古庸国就有燎祭这一传统。所谓守燎祭天即将牲供在柴堆上，把柴堆点燃，让肉的焦香随着烟气飘飘摇摇冲向空中。天帝闻到香气，就算是接受献祭了。火正的任务就是布置、点燃和守护祭天的柴堆。

于是,"燎"便成为郭家山主体景观创作的灵感之源。将支撑索膜的8根钢杆的交汇关系按柴燎的堆构意象进行组织,赋予这种现代结构形式以历史内涵,也使具有高技术特征的索膜结构具有了文化意义的诠释。这对一直崇尚中华"火神"的竹山无疑更具一番深意(图6-21:"燎"的平、立面图)。

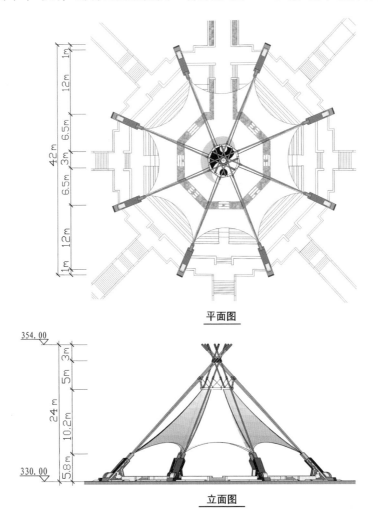

平面图

立面图

图 6-21　"燎"的平、立面图　(李在民 绘)

（二）观演厅与太极八卦

观演厅为八边形的平面,其形态意象源于太极八卦。中间的太极图位置为表演场,节庆之时可举办公共演出,平时则可作为百姓自娱自乐的场所;看台格局按八卦意象组织;八角处为上部钢结构的支撑点,整体则按天体方位摆布(图 6-22:景观构思演化)。

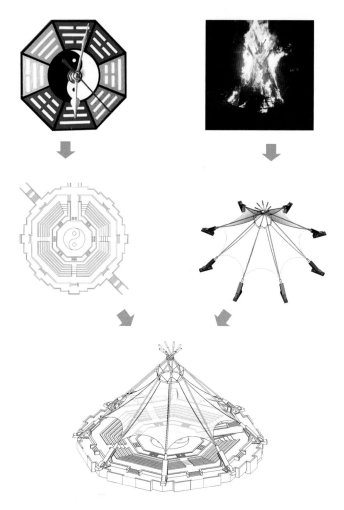

图 6-22　景观构思演化　(吴狄 绘)

196

(三) 八景构筑与庸国方隅

在 4 条轴线的尽端设置 8 个节点,每个节点依山构台,台上按庸国方隅物志设置相关图腾雕塑或小品,以示作为"巴师八国"之首的庸国曾一度具有的强盛与凝聚力,各方隅代表性图腾雕刻指向中心之"燎",体现一种"附庸"(即依附庸国)的历史传说(图 6-23:方隅与八景构筑)。

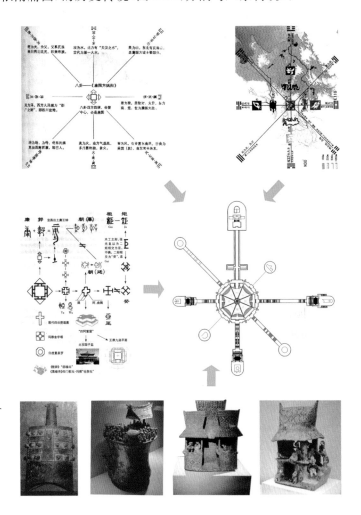

图 6-23 方隅与八景构筑 (李在民 绘)

197

（四）长脊短檐的四门歌坛

在正南及正北方向的两条轴线上设四门，借地形高差建台，台上为门楼，采用具有巴文化特征的长脊短檐建筑形式。"四道高门在四方，歌台搭在高楼上"，这便是古代巴人节庆时的情景，在同属巴域的云南晋宁出土的铜质贮贝器描述的就是这么一幅场景，而另一巴域地区——湖北神农架，流传着一首歌谣——《黑暗传》，将此类场景称为"四门歌坛"①。在东、西、南、北4个方位上通过节点描绘并烘托出一个完整的空间布局方式，体现了对远古巴文化的呼应，这成为本设计营造场景的主线，也成为本设计定名与定位之依据。

（其他设计人员有李在民、吴狄、易福成，特别感谢张良皋教授的亲历、参与。）

第四节　郏县黉学广场设计

一、现状简述

河南省郏县文庙又称文宣王庙、孔庙和夫子堂，其主体位于老城东南隅的县城关二中校园内。该建筑群被3条南北向的平行轴线贯穿，并形成以大成殿中轴为主，两侧各依左学、右贤轴线的布局状况。文庙始建于金代泰和六年（1207年），国家文物局原局长吕济民称其具有"皇家规格"，其因历史悠久可与南京孔庙、北京孔庙齐名。1986年，郏县文庙被河南省人民政府定为省级文物保护单位；2006年被国务院批准为第六批全国重点文物保护单位（图6-24：文庙建筑）。

文庙片区是以文庙为核心的，由文化路、南大街、三官庙街、麒麟街包围的地块（图6-25：区位）。片区内有中学及小学各一所，其他均为与文庙环境不相协调的现代居民自建住宅。为发挥文庙的历史文化品牌功效，也是为

---

①　胡崇峻. 黑暗传［M］. 武汉:长江文艺出版社,2004:4.

图 6-24　文庙建筑 （中国孔庙官网 载）

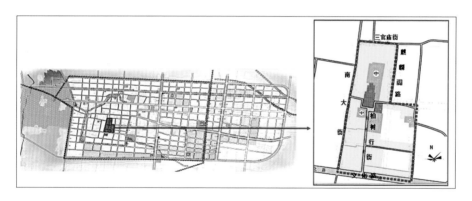

图 6-25　区位 （李在民 绘）

使文庙周边的破败环境得以整治，郏县人民政府决定对该片区进行整体性的规划设计，在为文庙保护腾挪出一定绿地空间的同时，还能利用片区的区位与文化优势，结合对剩余地块的市场运作，打造具有郏县城市文化新地标功效的主题式片区。另根据要求，在文庙前的柏树行街上需要设置一个广场，以营造文庙的前导空间。

二、文庙片区规划设计

文庙片区南北长约 620 m,东西最窄处约 330 m,最宽处约 550 m,规划总用地面积约 30.49 hm²(图 6-26:现状图)。规划设计确定的片区功能定位为:以郯县儒学文化为支撑的,融教育、文保、历史文化展示、商业、居住、休闲观光、集会等功能为一体的,具有拉动文化、经济、旅游、环境等综合效益的城市品牌与窗口(图 6-27:总平面图)。

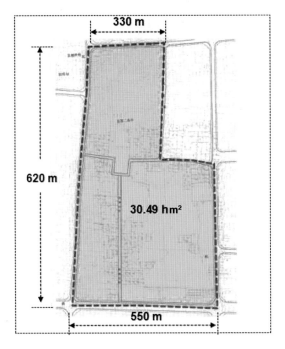

图 6-26 现状图 (李在民 绘)

根据文庙建筑及其空间的保护要求,结合现有学校的保留要求,本着营造片区主题特色的思想,确定的规划结构为"一核两尊四点,一轴两廊六区"(图 6-28:规划结构)。

一核:即文庙建筑群及其空间保护区构成的核心。这里是整个城市的历史文化核心,也是片区空间的高潮,同时还是以文庙为主题特色的传统文

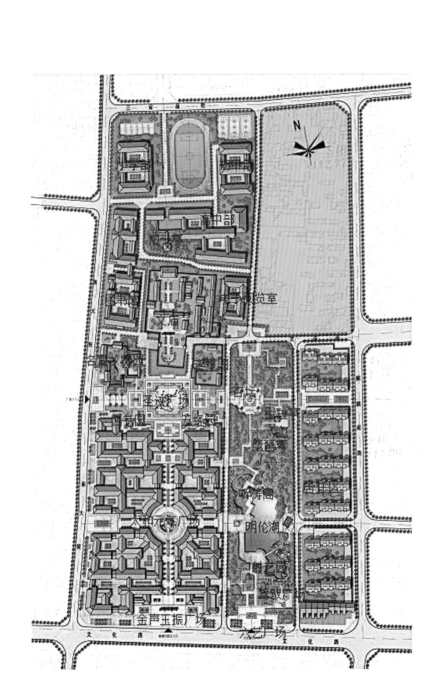

图 6-27　总平面图　（李在民 绘）

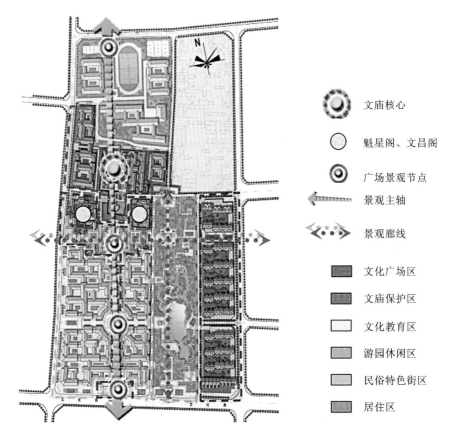

文庙核心

魁星阁、文昌阁

广场景观节点

景观主轴

景观廊线

文化广场区

文庙保护区

文化教育区

游园休闲区

民俗特色街区

居住区

图 6-28　规划结构 （李在民 绘）

化旅游核心。

两尊:指位于文庙照壁东西两侧的魁星阁、文昌阁。它们分别是为祭祀掌管文运功名与保一方文风昌盛之神而建的两座楼阁式建筑。

四点:由北向南依次布局的四个轴线节点,分别为学校北入口广场、文庙前黉学广场、太和元气广场、金声玉振广场。

一轴:即文庙传统空间的中轴线,是以柏树行街为神道,贯穿大成殿的一条南北向的景观轴。巧合的是,该轴还与平顶山市的香山寺处在同一条子午线上。

两廊:结合城市道路、广场中心与公园节点形成的两条十字正交的景观视廊。

六区：即文庙保护区、文化广场区、游园休闲区、民俗特色街区、文化教育区、居住区。

下面对其中的黉学广场设计进行重点阐述。

三、黉学广场设计

黉学又称文庙，是古代进行文化教育活动的场所，广场以此命名有弘扬国学之意。黉学广场位于片区学宫主轴线上，是衔接文庙的前导空间，也是文庙片区的主要集会广场。其规划设计总面积有 2.30 hm²，确定的广场规划设计格局为"两轴三区"（图 6-29：广场平面）。

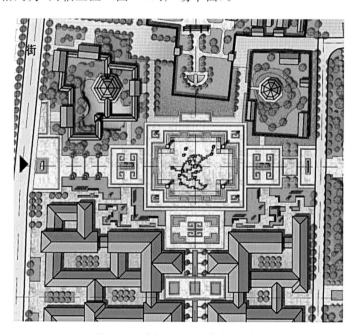

图 6-29　广场平面　（李在民 绘）

两轴：一为片区中轴，一为与之垂直并衔接两侧区间道路的东西轴。

三区：遵循广场格局左右均衡的原则，以体现孔子教育思想为指导，形成以圣迹广场为核心并以"四书园""五经园"作为前导配合的 3 个区。

黉学广场各景点的营造思想、手法与特征主要体现在以下几个方面。

（1）黉学大印：黉学广场西侧入口设置的一块倾斜放置的石质大方印，用大篆刻上"黉学"二字作为广场的入口大门。

（2）功德柱：位于广场横轴西侧，共6根，两两对置。每根柱子上以浅浮雕的方式将孔子生平的重要事迹图文并茂地展现出来。

（3）黉学壁：位于广场的东入口处，与西入口的黉学大印遥相呼应，并东向连接区外的主题小游园，为防止视线穿透而设置了一个隔挡。

（4）圣迹广场：这里是黉学广场的核心，也是整体设计最为精妙之处。构思以孔子"读万卷书，行万里路"为源泉，以孔子周游列国的足迹为基础，概括提炼出"圣迹"，并采用铜质脚印模块铺就"圣迹图"。在圣迹节点上标出古代相应的地名以增强景点与游客的互动。孔子在55岁到68岁期间，曾带领弟子用10余年时间周游列国，将自己的思想传播于天下。因此，广场中的抽象地图在向人们展示孔子足迹的同时，也要求人们能跟随孔子的足迹。广场3000 m²的面积寓意孔子门下的3000个弟子。此广场不仅拥有集会功能，同时也起到激励与教育后人的作用（图6-30：广场鸟瞰）。

图6-30　广场鸟瞰　（李在民 绘）

（本设计参与者还有李在民，特致谢！）

第七章　主题广场设计三例

第一节　南阳创业科技广场设计

一、概念辨析

城市广场依功能、属性、形态等的不同而有不同的分类,但无论何种类型的广场,其规划设计之始都有一定的主题要求,其中又以表现文化的主题为多,以致一段时间以来,在新建或改建的城市广场中出现了文化堆砌的现象。然而这种文化主题"泛滥"的广场并不一定就是主题广场,主题广场与广场主题两个概念是有区别的。主要表现在以下几个方面。

（1）有无主题的区别:有无主题要求是判别主题广场的重要条件,主题广场一定是有主题要求的。需要特别申明的是,有无主题并非甄别广场优劣的依据,威尼斯的圣马可广场就没有主题,但却深得世界人民的喜爱,服务功能的强大是该广场成功的根本原因。

（2）主题多样与主题凝聚的区别:主题广场一定是尽可能发挥空间、结构、功能、形态、环境等诸多广场构成要素之合力并朝特定主题方向凝聚,这使同一主题具有多样化的体现与表达,而多样化的主题无疑不利于主题的突出与凝聚,因此主题的多样体现与主题多样也是截然不同的。

由此,笔者对主题广场概念试予界定:所谓主题（式）广场是有特定主题并具有围绕主题的多样化表现形式的广场。与主题公园、主题酒店所具有的营销特点一致的是,主题广场因其鲜明的形象可产生良好的传播效应,并能增强开放空间节点的表现力,其适用的场所并不限于城市公共空间,故而我们在主题广场定义中未使用"城市广场"字样,借此表明主题广场并非城

市公共空间之"专利"。主题广场对下述场所空间的特色营造是适宜并有益的:①城市窗口性节点;②旅游景区广场;③单位核心空间;④需要形成传播效应的其他核心场所;⑤乡村窗口空间。

主题广场由于特征凝聚,故而在城市开放与半开放空间中具有一些独特的功效。笔者将其作用概括为:①场所特色表现力强;②富含知识教育功能;③休闲体验更为丰富;④广场表现形式更为多样。

明确了主题广场概念的内涵及其意义后,下面我们结合南阳创业科技广场的设计实践谈谈该主题广场的创作体会。

二、项目概况

南阳是一座对中国历史有重要影响的文化名城,创业大厦是南阳高新技术产业开发区的行政中心,科技广场便位于其前面,这里也是南阳市高新区的核心。用地两翼有绿地夹峙,中间东西宽 142 m、南北深 162 m 的范围则是广场建设用地。为使东西绿地的定位与广场衔接,我们划定东至独山大道、南至高新大道、西至明山大道、北至北环东路的地块为协调考虑范围区,该协调区总用地面积为 13.8 hm² (图 7-1:现状与范围)。

广场环境的现状及其评析如下。

(1)建设基地地形较平,场地标高在 125.5~127.5 m 之间,并呈现东高西低的地势,广场的设计需在保持主体平衡的同时,兼顾两翼土方高程的均衡。

(2)创业大厦业已落成,其南侧中心位置有 90 m×60 m 的地下停车库,故而广场应尽量利用地下停车库屋面组织空间,以便减少地面覆盖,增强环境生态效益。

(3)广场东侧绿地有约 10 m 宽的冲沟,这是创造水系的良好条件。

(4)南阳历史文化积淀深厚,其杰出人物有"四圣"之说,其中的"科圣"张衡、"医圣"张仲景就是汉代时期对中国科技及中国医学发展有突出贡献的历史人物,这些均是广场设计可采撷利用的重要主题资源。

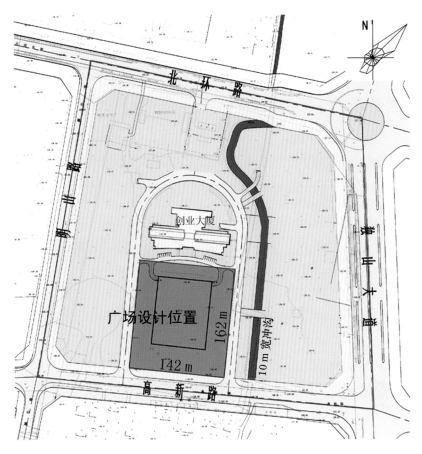

图 7-1 现状与范围 （袁倩 绘）

三、主题凝聚

（一）功能定位的主题凝聚

以重庆大学规划院所作的该片区的详细规划为依据,结合南阳历史文化中的科技内涵,考虑创业大厦的行政功能,结合高新区的科技产业特点,确定的广场定位为:南阳创业科技广场是反映南阳高新区产业特点的,结合生态与地域文化内涵的,集小型集会、商业展览、观光休闲、防灾等功能为一体的,反映南阳高新产业区品牌内涵的城市主题广场。由此我们明确界定出南阳科技特色的主题广场营造的目标(图 7-2:总体鸟瞰,图 7-3:总平面布置)。

图 7-2　总体鸟瞰　(袁倩 绘)

(二)设点布局的主题凝聚

东西片区的绿地布局成天文园与地理园,并分别以南阳"科圣"张衡的两大科技发明,即具有天文学内涵的浑天仪与具有地理学内涵的地动仪为景观核心,在凸显科技主题内涵的同时还富含地域文化特色。两者合力拱卫具有当代信息科技特点的 e 时代网路构筑的景观中轴,并由此凝聚出"科技定乾坤,天地两相依"的空间关系,即"一轴、一核、两园"的景观结构(图7-4:规划结构)。

一轴:即科技轴,是广场中轴所在。

一核:即 e 时代网路广场,这是以网路意象为特征的铺装与喷泉。

两园:即以浑天仪为中心的天文园和以地动仪为中心的地理园,两者分

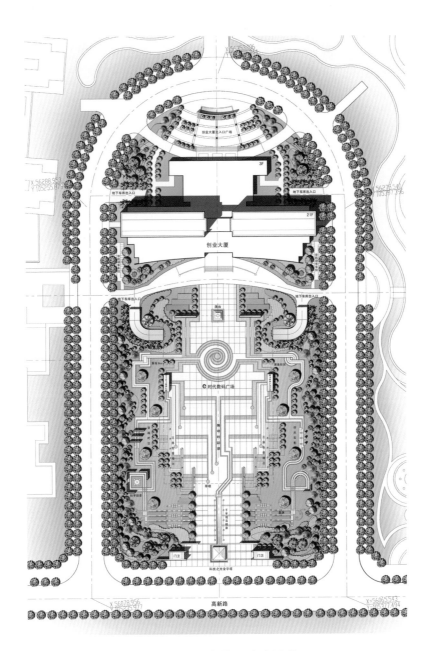

图 7-3　总平面布置 （李在民 绘）

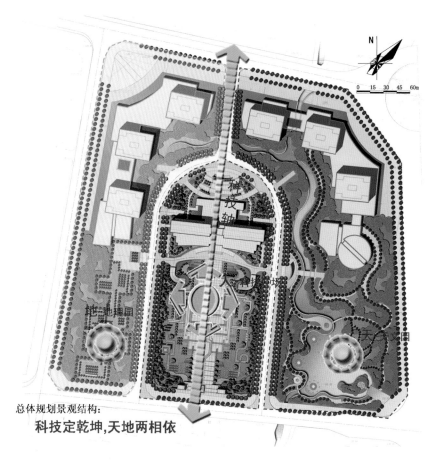

总体规划景观结构:

科技定乾坤,天地两相依

图 7-4　规划结构　(袁倩 绘)

别具有天地之意蕴,"天地两相依"亦是此意。

　　以科技轴为核心,并分别用南阳特色的天文、地理内涵相陪衬的做法,不仅使广场的主题突出,而且还使广场富含地域文化之意蕴。

(三) 夜景亮化的主题凝聚

　　我们围绕科技主题提炼出"科技之光连五大亮点,e 时代光网串闪烁群星"的夜景观系统(图 7-5:夜景平面,图 7-6:夜景效果),从而使广场夜景观主题明确、重点突出、层次分明。

图7-5 夜景平面 （伍昕 绘）

图7-6 夜景效果 （伍昕 绘）

五大亮点:是指金字塔、国旗台、e时代网路喷泉及两个玻璃钢结构的疏散出口。这是广场光照最强或光色变化最为丰富的景观亮点。

科技之光:是指勾勒地面水系形成的蓝色光带。

e时代光网:是指用地面水系形成的e字图案,夜景也用蓝色光带表现。

闪烁群星:指周边其他灯光艺术烘托的景点,其平均照度水平较五大亮点为低,故曰"群星"。

此外,我们还采用具有高科技特点的LED数码灯具、利用太阳能的节能型灯具及能形成灯光、灯色组合变幻的计算机控制技术作为支撑,为增强景观的科技表现力及体现景观的时代感服务。

(四) 小品塑造的主题凝聚

1. 广场铺装的电路板意象

广场以集成电路板为意象组织图案,运用花岗石间隔的条纹肌理与30 cm宽的水系模拟印刷电路,电路上的元件焊点意象处则为旱喷泉,水系上面覆盖的玻璃砖保证了广场地表的平整与安全。以代表科技时代特色的印刷电路板意象组织广场铺装与小品的手法不仅创新了广场的表现形式,而且还使广场的科技主题有鲜明的体现。

2. 广场中心的e时代信符

广场核心是字母e铺装意象,这也是设计方案时的网络流行语"e时代"的象征。"e"表示"electronic",即电子时代。该字母虽不正规,但却是当今为百姓普遍接受的代表科技时代认同的符号。喷泉与灯光在此随字母e画出颇具个性的舞姿,动感十足(图7-7:"e时代"广场意象)。

3. 广场绿化的高科技内涵

在主广场的两侧绿地,各选种反映植物高科技内涵的基因改良或嫁接树木若干,以使绿化也为科技主题的表现服务。如可利用苹果树嫁接于沙果,柿子树嫁接于黑枣树等技术手段来体现绿化的高科技内涵。

4. 广场小品的新技术表现

正如前述,主题广场需要紧密围绕主题并发挥广场诸多构成要素之合

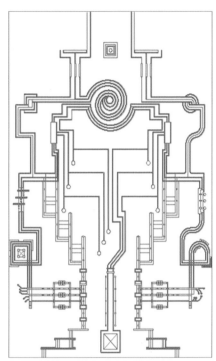

图 7-7　"e 时代"广场意象　（袁倩 绘）

力进行主题凝聚才能使广场特色鲜明、主题突出,该要求对广场小品也不例外。

　　在广场主入口处设置了一个宽 4 m 的带状喷泉池,其水景为沿中线一字排开的单摆线喷,采用计算机控制各单摆喷泉的异步行程,组合成"千手观音"的水景,高科技的声、光、电在此有良好的结合(图 7-8:"千手观音"喷泉意象)。园林步道的形态意象为"结构布线",为增强其夜景的表现力,我们对道牙石进行了多彩荧光涂装,在灯光的照耀下熠熠生辉。此外,"穿越时空""独山玉矿剖面"等景点的营造亦尊此意(图 7-9:景观小品意象)。

　　(本设计参与者还有李在民、温海俊、袁倩、伍昕,特致谢!)

图 7-8 "千手观音"喷泉意象 （袁倩 绘）

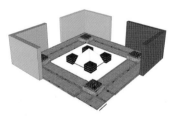

"科学探索"景点

"独山玉矿石剖切"柱

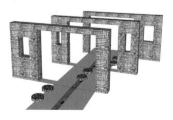

"穿越时空"景墙

"景观Box"小品

图 7-9 景观小品意象 （袁倩 绘）

第二节 基于主题关联的景观规划设计
——以嫘祖纪念文化村规划设计为例

一、景观关联及其内涵

汉语中的"关联"意为牵连、联系,它在不同的学科中有不同的专业内涵。在遗传学中,关联是指染色体在有丝分裂时的配对行为。社会现象学学者舒茨(Schutz)指出,关联是一种原则,交际个体可以据此将认知结构组成"意义领域"(provinces of meaning)①。

下面我们重点从与景观感知联系最为紧密的语言学视角,来对景观关联试予解读。

在语言学里,格赖斯(P. Grice)在其著名的会话"合作原则(cooperative principle)"中提到关联准则(relevant maxim),即说的话要有关联、贴切②。折射到景观关联中,我们可理解为景观个体之间也是要互相联系和恰当配合的。

达斯卡尔(Dascal)在格赖斯关联概念的基础上区分出语用关联与语义关联,前者主要指语言行为与交际目标的关联,后者主要指语言、逻辑或认知之间的相互关联③。引申到景观关联可以理解成:景观的语义关联为构成场景的材料以及元素与表现对象之间的联系;而景观的语用关联则是使用不同的景观组成的空间场景与观察者产生一种沟通与交流的作用,此时的场景对于观察者而言可能会升华为一种情境。由场景到情境的变化就是景观关联的结果。

根据斯珀波(Sperber)和威尔逊(Wilson)的语言交际(linguistic communication)"关联理论(relevance theory)",关联是语境效果和心力之间

---

① 沈家煊. 语用三论:关联论·顺应论·模因论[M]. 上海:上海教育出版社,2007:20.

② 王雪松,单萍. 格赖斯会话含意理论及其应用[J]. 黑龙江大学学报,1998(1):16-17.

③ 沈家煊. 语用三论:关联论·顺应论·模因论[M]. 上海:上海教育出版社,2007:21.

的此消彼长关系,即语境效果越大,发出相关语句的刺激信号就越有联系,付出的心力越多则刺激信号的关联度越小①。立足景观,可理解为景观关联是景观语境效果和心力之间的关系,即语境效果越大,发出相关景观语义的刺激信号就越有联系,付出的心力越多则景观语义刺激信号的关联度越小。

综上所述,我们可知景观关联有如下三个特征:一是有联系的作用,二是存在被联系的双方或多方,三是交际的结果即场景到情境的变化。景观学科中关联的对象为人与景观,无论是设计师还是观察者都需要通过"联系"达到感知目的。由于景观组成元素的物质性,设计师只能通过联系的方式来表达自己的意图,观察者也正是依靠该联系线索探知景观的寓意。其中的"联系"可以是形态、空间、时间、文化等因素,而观察者是指一般情况下具有一定认知背景与理解水平的"标准人(standard person)"②。

根据斯珀波和威尔逊的关联理论,在景观设计中,设计师就需帮助大多数人用较少的努力或"心力(efforts)"③实现与景观的轻松对话。如何达成"最少努力(the least effort)"? 这取决于两方面:一方面是观察者的心力,该观察者可视为一个"标准人";另一方面则是景观对象间的联系(或称关联)。通过加强景观视觉信息与主体认知的关联度,减少人们推理景观寓意时所费的脑力,轻松实现人与景观的沟通与理解。

了解了语言学寓意的景观关联机理后,下面我们用语言学最为精辟而又艺术的表现系统——文学及其创作理论,来诠释景观关联的内涵。勒内·韦勒克(Rene Wellek)和奥斯汀·沃伦(Austin Warren)在《文学原理》中提出文学内部的构成可二分为内容与形式。内容包括题材、主题、情节,而形式则包含体裁、结构、语言及表现手法等④。文学内部构成内涵可理解

---

① 丹·斯珀波,迪埃钰·威尔逊. 关联:交际与认知[M]. 蒋严,译. 北京:中国社会科学出版社,2008.

② 标准人是具有一定标准质量的生命体,这种标准质量是人本身具有的认识世界、改造世界的条件和能力,包括人的身体素质、思想素质和科学文化素质。参考:李松柏. 关于建立标准人(standard person 简写 SP)体系的假设[J]. 西北人口,2004(3):13-14.

③ 语境效果只是认知在加工语言信息时所涉及的一个方面,另一个方面就是人必须为此而付出的脑力,关联理论把这方面的因素称作"加工努力(processing effort)",作为一种更汉化的译法,我们把它译作"心力"。参考:蒋严. 关联理论的认知修辞学说(上)[J]. 修辞学习,2008(3):1-9.

④ 王元骧. 文学原理[M]. 桂林:广西师范大学出版社,2005:164-196.

为一种关联的类别。内涵构成的关系也就是一种关联系统关系。所以我们认为景观关联也可分为内容关联与形式关联两种。由于景观与文学在表现形式、载体、功用、感知等方面有相当大的差异，故而景观关联与文学内部的构成内涵应有所不同。我们将景观与文学的相关内涵及其关联并列比较于表 7-1 中。

表 7-1　文学与景观关联的二分系统

文学内部组成	内容	题材	景观关联系统	内容关联	题材关联、功能关联
		主题			主题关联、元素关联
		情节			情节关联
	形式	体裁（文体风格）		形式关联	风格关联
		结构			结构关联
		语言			路径关联
		表现手法			表现手法关联

由上可知，景观关联系统与文学内部系统在内容与形式的具体内涵上是有所区别的。在内容上，景观要比文学丰富，如景观是有使用要求的，故有功能的内涵；景观是由物质世界组成的，故有元素的内涵。至于形式方面，景观是具象的，这与文学表达形式的抽象不同，等等。

二、景观主题关联及其特征

在文学中，所谓主题即为作品中所表现的中心思想。在音乐里，主题是指重复的并由它扩展的短曲，即主旋律。在日常交流中，主题泛指谈话的主要内容。故而景观主题应为景观设计师运用各种符号、造型，通过形、意向观看者传递的核心理念或主要想法。而景观主题关联是以尽量少的主题为中心来组织景观，围绕主题的核心内涵，利用多样化的表现形式，营造的一种具有凝聚作用的氛围。

考察景观主题关联现象，我们可归结出以下四个特征：①鲜明性，即景观主题特征突出，这需要用主题凝聚的方法以尽量少的主题来控制，如深圳的中国民俗村，按真实场景建造了 24 个风格典型的民族村寨，以重现不同民族的生活场景来体现各自民俗的内涵，使园区的主题特征异常鲜明；②重复

性,主题以形态、功能、文化属性、手法、风格等方式在景观中不断出现,以达到增强关联度的目的,如法国拉维莱特公园,设计师屈米将26个带有浓重解构特征的红色景物(folies)沿120 m×120 m的方格网节点布置,用线性长廊、林荫道与小径等联系它们,遵循网络化规则重复出现的建筑小品渲染了现代解构主义特征的主题;③丰富性,主题具有深厚的内涵可供发掘利用,其内涵还可采用多样化的表现形式来烘托,如北京奥林匹克公园,特色鲜明的体育场馆与以体育文化为主题的多样化景观节点及设施让处于其中的游人们无时无刻不沉浸在"绿色、科技、人文"的现代体育精神主题的感召中;④衍生性,主题具有深厚的可供延伸与扩展的空间与内涵,如武汉汉阳长江之滨的大禹文化园,紧密围绕治水文化,结合《山海经》、楚文化和水利文明等内涵进行延伸,拓展了主题内涵。

远安嫘祖纪念文化村便是以蚕神嫘祖为主题,以丰富的丝织文化、蚕文化、嫘祖信俗等内涵进行景观主题关联思考的。

三、嫘祖纪念文化村基于景观主题关联的规划设计思考

(一) 项目概况

传说上古时为西陵属地的湖北远安县荷花镇苟家垭村嫘家冲为嫘祖出生地。荷花镇人民至今仍以养蚕治丝为特色产业,这里是著名的"垭丝"的诞生地,还是中国非物质文化遗产——嫘祖信俗文化的纪念地。嫘祖纪念文化村位于荷花镇镇区南部,西临垭丝路、东接宜保路、北至神龙路,规划用地总面积有24.5 hm²(图7-10:基地范围)。场地为约960 m×480 m的不规则形,地形整体呈西高东低、北高南低之势,绝对高差达57.19 m;一条冲沟由北向南穿越场地的中部,规划设计时应考虑对山洪引发的地质灾害的预防。场地西侧政府大楼旁的一片池杉林值得保留(图7-11:场地GIS)。

以弘扬嫘祖在中国文化史上的贡献与地位为宗旨,结合场地建设条件,规划设计提出的定位为:嫘祖纪念文化村是以自然生态为背景的,以嫘祖信俗文化为主题特色的,集纪念、文化、观光、休闲等功能为一体的,反映鄂西生态文化旅游圈形象与品牌特征的湖北省重点文化旅游景区(图7-12:总图布置)。

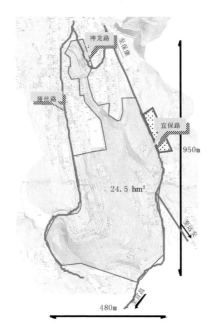

图 7-10　基地范围 （海洋 绘）

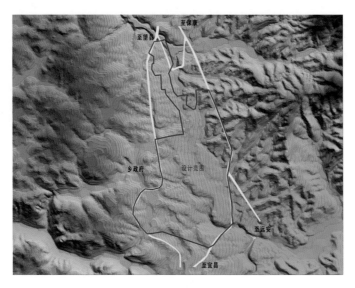

图 7-11　场地 GIS （温海俊 绘）

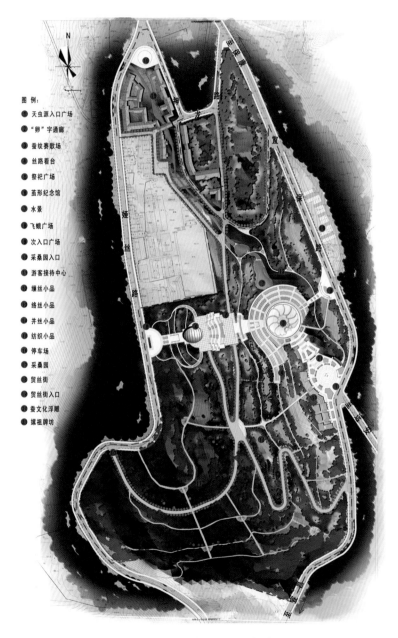

图例：
① 天虫源入口广场
② "卵"字通廊
③ 蚕纹赛歇场
④ 丝路看台
⑤ 祭祀广场
⑥ 茧形纪念馆
⑦ 水景
⑧ 飞蛾广场
⑨ 次入口广场
⑩ 采桑园入口
⑪ 游客接待中心
⑫ 缫丝小品
⑬ 络丝小品
⑭ 并丝小品
⑮ 纺织小品
⑯ 停车场
⑰ 采桑园
⑱ 贺丝街
⑲ 贺丝街入口
⑳ 蚕文化浮雕
㉑ 嫘祖牌坊

图 7-12　总图布置　（海洋 绘）

（二）基于景观主题关联的设计思考

1. 以蚕的永生为直接关联组织空间

关于衣服的起源有两种观点，一是西方的遮风避寒论，另一种则是我们中国的精神象征论[①]。作为对世界文明有重大贡献的中国蚕丝文明便是精神象征论的肇源。嫘祖既是黄帝的正妃，又被视为历史上首先发现养蚕抽丝技巧并授之于民的人，从而也被人们尊为"蚕神"。故而宣扬"蚕神"可使嫘祖摆脱黄帝"正妃"这一身份的附属感而具有独立的人格地位，这也是中国非物质文化遗产嫘祖信俗文化的核心。因此紧密围绕蚕及其文化做文章便是一种直接关联的体现。

蚕生命演化中的 4 种形态——卵、蚕、茧、蛾，曾被视为人类生命轮回的象征（图 7-13：蚕的永生）；故而中国古人在死后有模仿蚕蛹并用丝绸裹身的现象，期盼生命的升华与转世。蚕生命当中的 4 种形态便成为弘扬嫘祖信俗、表现场所精神、组织景观空间的思想源泉。

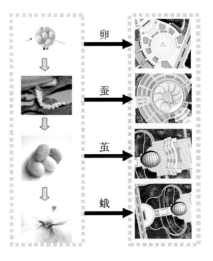

图 7-13　蚕的永生　（徐娜 绘）

场地中部冲沟的南端接宜保公路，这是设置文化园区主入口的极佳位置。基地的东部有雄鹰峰与西部台地上的乡政府遥相呼应，并构成东西向的视线轴，该轴与顺应冲沟走向的主入口形成园区的空间转换节点。由此向西，地势逐级抬升，嫘祖纪念馆便设置在高耸的二级层台上，后部的乡政府则是整个轴线的控制点。由此构建出顺应地势逐级抬升的 4 个空间节点，对此我们分别赋予卵、蚕、茧、蛾 4 种生命形态的主题内涵。

空间起点为天虫源入口广场，借卵石寓蚕卵，点缀入口空间并组织景观；空间转换点为赛歌场，其铺装主题与纹样为"卧蚕"；空间设计的高潮则

---

① 　该论点是在向武汉纺织大学服装史教授冯泽民先生咨询时所了解到的。

为嫘祖纪念馆，该建筑取蚕茧形态进行表达；最后利用蛾形的园路及植物模纹花园作为空间收笔。用蚕的永生主题统领园区空间，使空间序列组织富有生命升华寓意，空间格局也巧用地形走势，空间连接符合观赏规律，游线组织强化了主题内涵，也使人们用较少的心力，实现了由场景、情境升华到对意境的感知。

2. 以丝的旅途为衍生关联充实功能

蚕丝文明的核心一在蚕，二在丝。丝本身就有丰富的内涵，如缫丝、络丝、并丝、捻丝等理丝工艺。由丝又可衍生出织，由织还可衍生出绸、丝绸文明，甚至丝绸之路等。规划设计将此衍生关联作为景观组织的源泉，并在园区以桑园、理丝园、贸丝街构成"丝的旅途"系列，以此关联园区的功能与空间内涵（图7-14：总体鸟瞰图）。

图7-14　总体鸟瞰图　（李在民　绘）

在场地的西南部，利用山体缓坡结合农民安置需求组织桑园，用地域材料装饰民房形成特色，并赋予养蚕、采桑、结茧、售茧等功能内涵。环绕赛歌场，利用坡地并顺应等高线，规划布置理丝园。串联园区的纽带是理丝路，在该路上形成4个空间节点，分别用景观的手法展示缫丝、络丝、并丝和纺织的工艺内涵。从场地北端的冲沟延伸至镇区的化石街则被赋予丝绸贸易的内涵,故称贸丝街。两侧建筑依沟势因地制宜布局,并结合地方风格打造,这里也是当地失地农民的安置之所。

采桑园、理丝路、贸丝街构筑的"丝的旅途"不仅富含知识方面的景观寓意,而且还反映了农工商三位一体的结合,更是蚕丝文明丰富内涵衍生关联的体现。

3. 以蚕神文化为重复关联强化主题

重复是相同或近似的形态、空间、功能、内涵等有规律地、反复地、有秩序地出现①。景观设计中重复手法的运用能够在人的视觉、心理方面增强景物联系,并达到强化主题的目的。

园区中蚕的形象及其纹样被符号化地运用于牌坊、大门、围墙及广场铺装等细节上,从而达到利用形态重复实现主题关联的目的。园区结合地形地貌、人的感知特点,以蚕丝文化为中心形成"一谷顺地势、一轴释永生、一眼望雄鹰、一线连丝路、一心颂蚕神"的关系,严谨而又符合形式逻辑的"5个1空间格局"具有概念结构化的重复寓意,从而达到利用空间重复强化主题关联的目的(图7-15:规划结构)。全园围绕蚕丝文化及其衍生内涵划分为天虫源、赛歌场、祭典坛、采桑园、理丝路、贸丝街6个区,利用有关联的功能有序地、规律地、不断地渲染气氛,从而通过功能重复达到强化主题的目的。

4. 以多样化表达丰富主题关联内涵

多样化的表达手法具有增强内涵的丰度、使表达对象生动化、强化园区景观效果和丰富感知体验的作用。园区从材料、形式、功能、空间、手法等方面进行多样化的设计与组织,从而为丰富蚕丝文化主题关联内涵服务。

利用地方石材作为地面及建筑外墙的饰材(图7-16:游客服务中心),采用桑树与其他本地植物进行园区绿化及植物造景,运用原木构筑园区景观设施,从而通过材料使用的多样化达到丰富景观的目的。以蚕茧为创作原型的现代嫘祖纪念馆(图7-17:嫘祖纪念馆)、用地域风格建筑构筑的贸丝街、采用现代与传统材料构建的系列景观小品,使园区景观具有风格多样化的效果。用现代解构与重组的设计方法构建理丝路上的景观小品;以仿生

---

① 王伟. 平面构成[M]. 沈阳:辽宁美术出版社,2003:43.

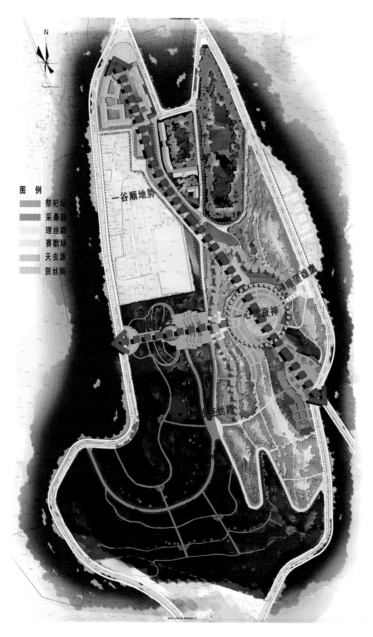

图 7-15　规划结构　（杨琼 绘）

手法设计嫘祖纪念馆的建筑;用叙事性关联手法设计"嫘"字形雕塑;用蚕的永生的比拟手法统领主轴空间等,通过多样的手法丰富景观的主题关联。此外,我们在功能及空间的设计组织上也采取了类似的多样化手法。

图 7-16 游客服务中心 (何博 绘)

图 7-17 嫘祖纪念馆 (吴璨 绘)

多样化的表达使纪念园的每个部分各有特色而又相得益彰,希望借此将嫘祖文化的神韵给予充分展现。

其实景观主题关联是常用的设计手法之一,只不过人们往往习以为常而很少追本溯源。希望围绕景观主题关联的内涵及对其特性等的理论探讨

与案例实践能给大家一定启示。

（本节初稿由奚婷霞执笔，参与项目设计的其他成员还有李在民、杨琼、袁倩、吴璨、韩娟、何博、徐娜、江吟、海洋、温海俊，特致谢！）

第三节　琵琶心旅
——九江琵琶亭景区创作有感

一、引言

琵琶虽属舶来品，但却成为我国唐代乐坛上的主奏乐器。古代精通琴棋书画的风雅之士更是以琵琶为素材谱写了许多脍炙人口的"琵琶"诗，亦诗亦曲的《琵琶行》便是其中最为著名的一首。白居易在诗中将诗韵与乐韵结合得淋漓尽致，作为该诗背景地的浔阳（九江）亦因此而名扬四海。九江市琵琶亭便是屡经兴废、多次移址并于 20 世纪 80 年代末在现址所建的一处纪念地（图 7-18：基地区位），景区内配套建设有《琵琶行》毛碑、观江台、白居易雕塑、碑廊等景物景观（图 7-19：基地现有遗存）。21 世纪初，因高标准的

图 7-18　基地区位　（卓蕾 绘）

沿江堤防与滨江道路的建设，景区被湮没在一个狭长形的三角地中。颇具"现代气魄"的、符合汽车时代尺度的滨江大道也对具有马车时代文明意义的琵琶亭产生了严重胁迫，琵琶亭越发显得畏缩、寒碜。因此，九江市政府决定在保留老琵琶亭的基础上再造一更高、更大的新亭以重振其滨江风采。一场琵琶心旅就此启程。

图 7-19　基地现有遗存　（李岳川 绘）

二、项目概要

景区位于九江市区沿江的东段，受长江大堤与滨江东路的南北夹峙而呈狭长形的三角地（图 7-20；基地范围）；用地东西长约 190 m，南北最宽处约 110 m，总面积有 1.8 hm²。九江长江大桥西距景区约 1 km，其间有滨水生态林地衔接；堤外侧另有宽约 100 m 的长江滩涂。

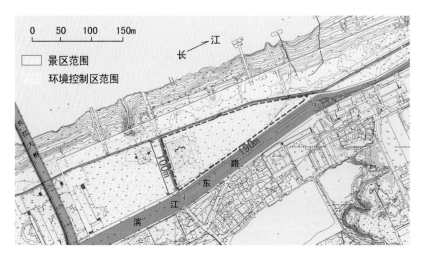

图 7-20　基地范围　（鄂燕 绘）

景区环境存在的问题及其相关评析如下。

（1）基地地势低洼,平均高程约为 18.5 m,防洪大堤与滨江大道高程为 21.5 m,其上还有高约 1.2 m 的防浪墙犹如一道"铜墙铁壁"将景区与长江分离。

（2）基地外高耸的防洪大堤因其基底为渗透性强的沙质土而形同虚设,汛期时江水会沿沙质基底渗入景区,这使滨江大道成为具有实质性防洪功能的城市屏障。如何利用低湿场地营造适宜于游览的环境是规划设计时需要考虑的重要问题。

（3）40 m 宽的滨江东路体现了现代交通文明,但却给历史尺度的景区带来强烈胁迫,平均宽约 60 m 的景区无疑在忍受大尺度现代文明的冲击。

（4）景区用地狭长,空间进深不足,这也不利于景观环境的营造。

（5）景区内附属建筑质量不高,形象欠佳,这与景区的游览性质相悖。

（6）景区西部老入口处虽进深较大,且迎合了城市客流来向,但若考虑大型游览车的停靠,无疑缺乏纵深。

结合场地的地质与地貌特征,以及周边大尺度的设施环境,考虑到对历史文化的窗口性展示,我们对琵琶亭景区确定的功能定位为:琵琶亭景区是以历史文化弘扬、历史情境体验为目的,兼具旅游、知识观光、历史文化教育、纪念、休闲、唐风园林艺术展示等功能的，为打造九江城市软实力而服务的风景旅游胜地。

三、琵琶心旅

（一）出其不意的投标

琵琶亭设计的中标历程有点出其不意。招标书原本是要求在维持老亭的基础上再建一座新亭，但 20 世纪 80 年代构筑的老亭，在比例、规制、形象等方面均差强人意。琵琶亭作为九江璀璨的人文景观中的突出代表，毕竟承载过历史的浸染，留下了众多名人墨迹，久而久之竟生出点文物的味道。若跟从标书要求的造亭思路，新亭需更高、更大才能在辽阔江景中有一席之地，且亭之风格还需与老亭协调。想起古训"一山不容两虎"，此处也应是"咫尺之地难立两亭"，只有撇开这种造亭思路，另辟蹊径才能海阔天空。

何物何形能体现脍炙人口的白诗意趣及其衍生出的纪念意义呢？冥想之余哑然失声，"琵琶"不就当之无愧！

由此便有琵琶立起的构思（图 7-21：投标方案鸟瞰图）。

图 7-21　投标方案鸟瞰图　（毛小琪 绘）

呼应《琵琶行》诗境中的江船环境，自然而得立于船舫之上的琵琶帆创意，利用用地低湿的环境顺势形成水面作为载体，环绕水际布设小石舫，上置茶座，游人可于其上隔水观看楼船平台上的琵琶表演，再现"东船西舫悄无言，唯见江心秋月白"的场所意趣（图 7-22：投标方案总图）。琵琶舫轴线直指白居易雕像，并将新老空间有序连接。谐和、巧妙的空间衔接关系就此定格，这为中标铺平了道路（图 7-23：投标方案规划结构图）。

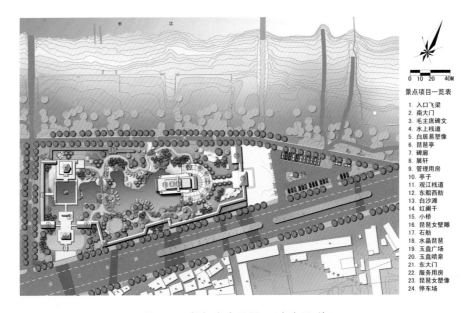

景点项目一览表

1. 入口飞梁
2. 南大门
3. 毛主席碑文
4. 水上栈道
5. 白居易塑像
6. 琵琶亭
7. 碑廊
8. 展轩
9. 管理用房
10. 亭子
11. 观江栈道
12. 东船西舫
13. 白沙滩
14. 红阑干
15. 小桥
16. 琵琶女壁雕
17. 石舫
18. 水晶琵琶
19. 玉盘广场
20. 玉盘喷泉
21. 东大门
22. 服务用房
23. 琵琶女塑像
24. 停车场

图 7-22　投标方案总图　（李在民 绘）

（二）始料未及的演化

琵琶亭景区中标后的设计演化历程令人始料未及。

大概出自一种当代城市政府均有的树立形象的思维的影响，我们被要求将立起的琵琶"做强做大"。"琵琶要与 200 m 外的长江大桥一道成为对九江外滩有控制性影响的城市景观""琵琶不仅要高而且还要上人观光"等。如此"大手笔"的琵琶虽然令人心存疑虑，但对设计者们也有一种"天降大任于斯人"的激励。想起老一辈建筑师张良皋先生的话："建筑师犹如一位服

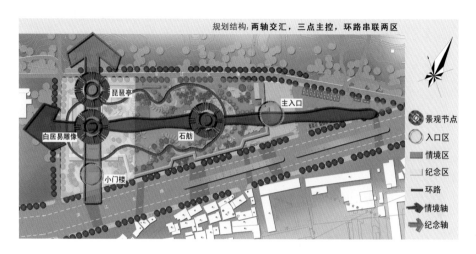

图 7-23　投标方案规划结构图 （李岳川 绘）

务大众的厨师,客人点什么菜,你就应做得出来!"建筑设计作为服务性的第三产业,与街头擦鞋、卖菜等工作的性质无二致,市场需求便是建筑师的导向,只有使出浑身解数、尽力而为了。

　　后续的问题接踵而来:不足 2 hm² 的用地要承受体量如此巨大的建筑是否合适? 琵琶侧板的弧形外观上有悖正常力学关系的部位如何成型? 这座观光类的琵琶塔,其消防设施是否需按常规配置? 等等。我们以问题为导向,对原始方案进行了相应的调整。

　　(1) 琵琶塔内核用 10.9 m×4.8 m 的刚性混凝土筒体形成,筒内用剪刀梯方式形成两部楼梯、两部观光电梯,用防火卷帘分割并形成两个独立的前室以满足消防疏散要求。

　　(2) 在 73 m、81 m 的高程处设置观光平台,4 个琵琶转轴的位置则形成空中茶座(图 7-24:塔体平面)。

　　(3) 琵琶塔高度控制在 100 m 以下,以规避超高层建筑引发的是否需设置避难层等更多疑惑。该高度大致为九江大桥高度的 2 倍,与大桥的横向延伸形成较好的对比关系(图 7-25:剖面图)。

　　(4) 琵琶塔的原楼船基座因琵琶塔增大,使船的尺度失调,故作更改。

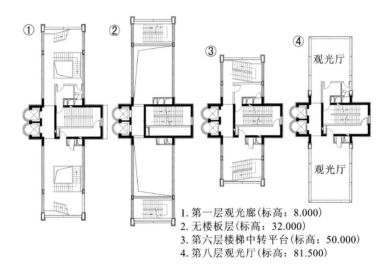

1. 第一层观光廊(标高：8.000)
2. 无楼板层(标高：32.000)
3. 第六层楼梯中转平台(标高：50.000)
4. 第八层观光厅(标高：81.500)

图 7-24　塔体平面　（李在民 绘）

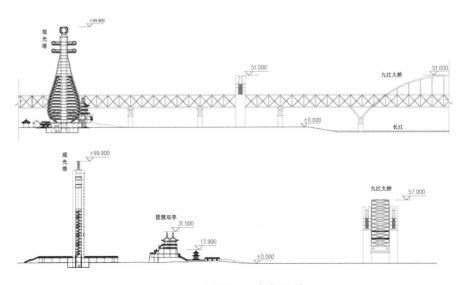

图 7-25　剖面图　（李在民 绘）

曾先后有两个方案:一是利用地面与水体形成琵琶景观,琵琶塔则搁置在中央水体上(图 7-26:方案工作模型);另一方案则将琵琶塔安置在一座轴长 81 m×45 m 的椭圆台阶上,台上覆浅水以便形成琵琶倒影,含"反弹琵琶"之意(图 7-27:定稿总图),台下则是琵琶观光塔的入口大厅与旅游商场。后者被业主认可(图 7-28:定稿首层平面图)。

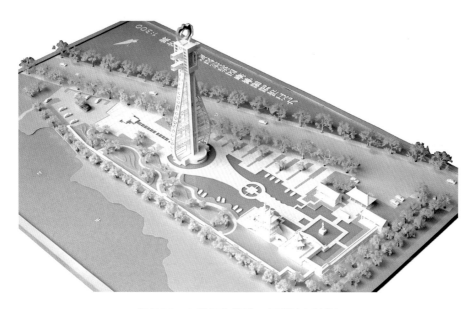

图 7-26 方案工作模型 (丁德江 制作)

调整后的方案虽然对基地而言稍嫌壅塞,却也兼顾四方(图 7-29:琵琶塔多角度效果)。老琵琶亭被要求保留,同时其东也被要求建一座新亭,且明示该亭还将沿用另一投标单位的双亭方案[①]。方案阶段设想的基地内的空间照应关系无法实现,新老琵琶亭将被紧凑地顺江并列布置,由此,新的琵琶亭景区方案被定格并形成施工图(图 7-30:定稿鸟瞰图,图 7-31:立面图)。带着一丝疲惫我们也有了新的期盼。

---

① 纪立芳,朱光亚. 让诗意洋溢在城市名胜中——从九江琵琶亭景区规划设计说起[J]. 建筑与文化,2006(6):81-83.

景点项目一览表

1. 停车场
2. 南大门台阶
3. 毛主席碑文
4. 景观小品
5. 白居易塑像
6. 乐天阁
7. 碑廊
8. 展轩
9. 管理用房
10. 旱溪琴韵
11. 景观台阶
12. 琵琶双亭
13. 林荫广场
14. 花径
15. 草坡步道
16. 琵琶观光塔
17. 玉盘喷泉
18. 木栈道
19. 小品矮墙
20. 琵琶泉
21. 入口广场
22. 照相取景点
23. 景墙
24. 休息小岛

图 7-27 定稿总图 （李在民 绘）

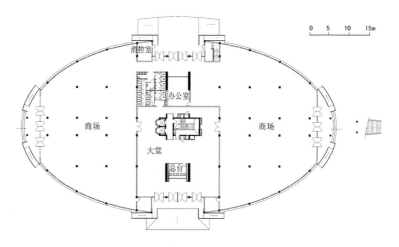

图 7-28 定稿首层平面图 （李在民 绘）

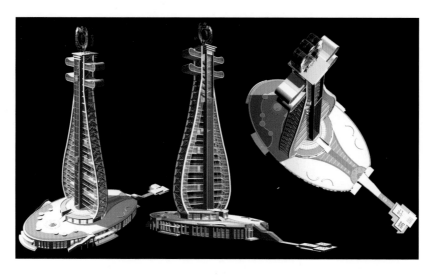

图 7-29　琵琶塔多角度效果　（夏强 绘）

图 7-30　定稿鸟瞰图　（卓蕾 绘）

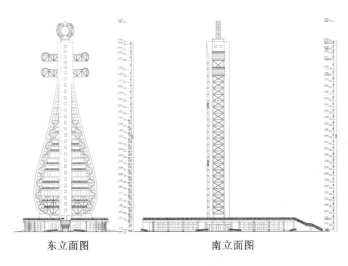

东立面图　　　　　　　　　　南立面图

图 7-31　立面图　（李在民 绘）

（三）千载琵琶传幽怨

　　钢桁架构筑的百米琵琶塔充满激情，其骨子里折射出的是我国政坛对英雄主义赞美诗般的城市公共景观的诉求。受此感染，我们内心也生出"但使龙城飞将在，不教胡马度阴山"的豪气，却淡忘了"公主琵琶幽怨多"之警示。政府换届的来临，使步入招标程序的琵琶工程戛然而止，刚萌发的豪气冷不丁被快速降温，其后便是漫长的等待，再其后便是无言之结局。不久前还涌动着的豪情渐化为琵琶之幽怨。感慨之余忽然醒悟：女性的纤细情感、卑微地位与灵巧技艺之结合，往往使其声入情入境；同时还映衬出强人之更强，伶人之尤怜。想必千载琵琶均幽怨，何况现代琵琶乎！瞬间释然。

　　（感谢张良皋教授、董贺轩教授、罗文总工对设计方案给予的良好建议，感谢徐恭义大师、雷育翔高工在结构方面的重要支持，感谢丁德江老师制作的精美模型；项目组其他成员有：卓蕾、李岳川、李在民、鄂燕、石东明、夏强等。）

第八章　乡土广场设计四例

第一节　中国阳明文化园儒学正脉设计

一、项目背景

　　王阳明是明代著名的哲学家、教育家、军事家，其曾被贬谪至龙场（即现在的贵州省修文县）三年，他在此潜心悟道，并创立了闻名后世的心学理论，故修文县又被誉为"心学圣地"。当今的贵州省对"心学圣地"高度重视，将其作为全省的文化旅游龙头产品来打造，并划出 229.89 hm² 的土地规划建设中国阳明文化园（图 8-1：中国阳明文化园概念规划）。而本次设计的儒学正脉正是整个园区的入口空间。

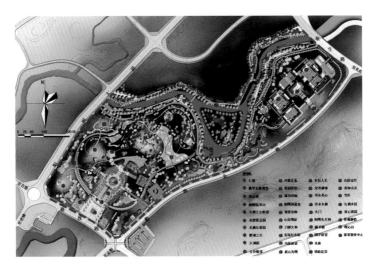

图 8-1　中国阳明文化园概念规划　（江吟 绘）

　　该建设场地位于格致路与阳明洞之间的中轴线位置，西南面为大寨河并隔河与文成华都商业楼盘相望，这也是一组对阳明历史环境形成压迫的烂尾现代高层楼盘。设计范围呈 280 m×170 m 的不规则长方形，总用地面积为 3.04 hm²。场地地势平坦，由西南向东北渐高出 2 m。其功能为中国阳明文化园的主入口，并需设置相关旅游服务设施配套（图 8-2：儒学正脉平面）。

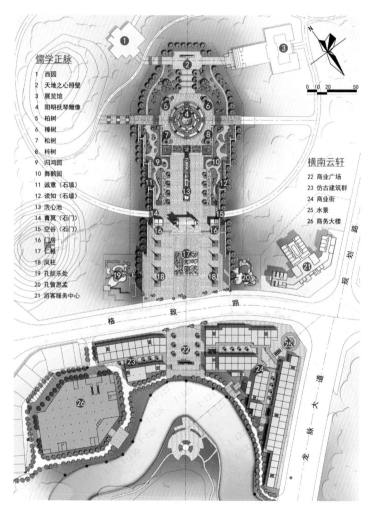

图 8-2　儒学正脉平面　（江吟 绘）

建设场地北部的阳明洞是王阳明龙场悟道的故地,洞内外石刻题咏甚多,洞旁有"何陋轩""君子亭"等数座清代建筑,其中亭岩石壁下还有蒋介石题刻的"知行合一";另外,促成国共两党联合抗战的张学良也曾被软禁于位于此地的王文成公祠中。这些均赋予该地丰厚的人文底蕴。而王阳明在此提出的"心即理""知行合一""致良知""四句教"等重要思想,不仅掀起了当时中国儒学文化的高潮,也使本地成为贵州省与中国传统文化接轨的渊源地。

王阳明在龙场的三年,其衣食住行都与石头息息相关。阳明洞本身就是一个天然的岩石山洞,就连他所欣赏的风景也都是喀斯特地貌的自然山水,而贵州又有"十万大山"之称,石棺悟道还是阳明心学理论产生过程中的一个重要转折;因此,王阳明与龙场的山石有深厚的渊源。运用乡土石作景观来表现场所深厚的历史文化及其精神便成为本次设计的立意之本。

二、设计概况

本广场的"儒学正脉"之名是武汉大学欧阳祯人教授认真研究后特为广场所题,主要强调的是阳明思想的儒学正统性及其主流的地位,这对本广场以至于修文县,均是期望很高的文化定位,该脉在物质性的广场空间中即是通过一条轴线给予展现的。为确定该重要轴线的起落,笔者曾深入场地并结合地形图、ArcGIS等进行过认真研究;最后确定以阳明洞所在的栖霞山顶的君子亭为基点向南发轴,并与大雁河曲拐连接,两点所成的轴线与宾阳堂朝向基本一致。顺应轴线由南而北布局有广场的三个分区,即入口前区、知行区、太虚区(图8-3:儒学正脉鸟瞰图)。

以龙场悟道的历史内涵为依托构画景区的景点,弘扬阳明文化、凸显儒学正脉,并配合大雁河沿岸的生态建设,保护自然山水,为人们提供一个具有独特体验的文化场所。分析得出明确的功能定位:儒学正脉是以历史文化弘扬为重点内涵的,通过乡土石作景观的运用,展现阳明心学草创环境,并为打造贵州省文化旅游品牌而服务的中国阳明心学文化地标和世界心灵旅游目的地,同时也是阳明洞景区的入口空间。

图 8-3　儒学正脉鸟瞰图　（石东明 绘）

三、乡土石作的圣地表达

（一）铺装的乡土化

在当今中国，石材开采与加工领域完全依靠手工业技艺生产运行的单位几乎灭绝。在到处充斥机器印迹的今天，手工建造的乡土景观难觅踪迹，故而在儒学正脉建设中大量运用乡土石作景观，这更加凸显阳明文化的弥足珍贵。但如此大量地使用乡土石作景观，对其石材加工、供应以及熟练手工技师的需求等能否满足，笔者心中并无十分把握。随后的建设实践证明，这些确实是项目实施的巨大障碍。故而在颇费一番周折与妥协后，也是为使广场造价有所控制、进度有所保障，笔者同意了石质板材采用机械切割，但面层采用手工或仿手工加工的折中用材方案。以本地出产、价廉物美、面质坚硬、体现手工为原则选用了 3 种不同色泽的石料，及 9 种不同肌理纹样、20 余种规格组合的用材，并按铺装区域的属性给予配置，以营造主次、变化或统一、美观等综合效果。如广场主空间为体现庄重、正统而选用较为规整的深灰色纵向绳纹面质的大条石铺设（图 8-4：实景鸟瞰）；两侧次要区域则采用尺度相对较小的浅灰色斜纹中条石交错铺装，使之在肃穆之中又体现自由、多变的特性；而在靠近景墙的慢行区，则采用小尺度石材错拼，以营造较为自然、闲适的氛围(图 8-5:边墙实景)。

图 8-4　实景鸟瞰　（罗雄　摄）

图 8-5　边墙实景　（罗雄　摄）

　　知行区的铺装以儒学正脉为中心,由求知践行的正式、严谨向景园步道区的轻松、活泼过渡。该区主要采用大条石纵横交错的铺装方式,以体现求学道路的庄重与神圣,石块规格为 1200 mm×600 mm 左右,面层肌理为斜条纹。该区两侧因有反映王阳明时期的汉、苗文化交融的景点,故其铺装设

241

计选用当地的绳纹作为语汇,形成具有民族文化特点的工程景观风格。而对于景园步道区域,则采用乡土卵石作景观手法,以形成静谧、闲适的冥想空间意境。

太虚区铺装采用向心的形式,并用 300 mm 左右块径的冰裂纹铺装,以利于环状的异形塑造,空隙用小卵石填铺。外部的环形水池中置巨石,摆出明夷卦,同时亦作汀步(图 8-6:太虚区铺装)。

图 8-6　太虚区铺装　(罗雄 摄)

天地之心照壁是对整个园区的总结,其铺装方式宜肃穆、庄严,以便营造圣地的感觉。采用 1500 mm×800 mm 左右的大条石铺设,间杂一些小条石变化点缀。两侧的次要道路及园中小路采用混合式碎石铺装,以表现山地的自由、随性。

(二) 墙体的乡土化

儒学正脉两侧分别设有一堵乡土石作景墙围护,这是地域特色的真实写照。该墙体由入口向内逐级递减、收敛,墙高分别按 5 m、4 m、3 m、2 m、1 m 布设,入口的高与阔营造出雄壮气势,向深处的依次递减与收敛凸显了王阳明塑像的崇高(图 8-7:乡土墙体设计稿)。墙体中还有更为丰富的细节处理,如镶嵌名言隽语石刻增添了文化内涵;墙体上口石材形成凸凹起伏变化,以体现自然乡土的意趣;墙檐与墙面上点缀的植物不仅弱化了石材的硬度与材质的单一,且使石墙更为自然、乡土。在砌筑形式上,综合前文(本书第四章第一节)对黔中地区墙体乡土特色的总结与借鉴,本设计根据墙高的不同,对其中三种分段方式均有采用。

图 8-7 乡土墙体设计稿 （宁宇 绘）

另外,在墙头、门洞等关键部位,采用整条石作为过梁;主道上的巨石搭构给人以巨石阵的震撼,其下则为消防通道(图 8-8:乡土墙体实景)。

(三) 节点的乡土化

儒学正脉中的景观节点是形成圣地意境的关键,运用乡土石作景观的手法,结合喀斯特地貌的自然肌理、形态、色彩,营造朴实、宜人的氛围。它们都是地域文化积淀、历史文脉延续以及手工技艺传承的表现。

1. 仁根

仁根处在入口广场中央,也是儒学正脉轴线的起点。无论是孔子倡导的仁礼,还是孟子推崇的仁政,都脱不开一个"仁"字,而王阳明又名"守仁",故而我们将篆体的"仁"字用仿喀斯特地貌的手法堆叠出来;其中"仁"字步道用白砾石填充塑形。可惜的是该设计创意因缺乏专业施工配合半途而废,后用一巨石取而代之,虽然笔者尽力控制其高度,但对入口视线的遮挡问题还是难以消除。

2. 凤柱

王阳明以雏凤自喻,并留有著名诗篇《凤雏次韵答胡少参》,故而雏凤就

图 8-8　乡土石墙实景　（罗雄 摄）

是王阳明的自我定位。为此,在儒学正脉入口设计两两相对的八根凤柱,以体现王阳明自始至终的圣人志向(图 8-9:凤柱设计效果)。凤柱采用高5500 mm、边长 1100 mm 的整石,面层粗凿。原本在柱头处内嵌有精细雕刻的雏凤以示对比,后因采购的石材过于坚硬难以塑形,且整石一旦因雕刻被破坏又难以寻觅相同材质的替换,即使可以替换,还存在重达 20 t 的荒材转运、落位等诸多难题,只能放弃。现在,粗犷的八根柱的柱面均镌刻有心学名句,对圣地意境还是有良好体现与适用性的(图 8-10:凤柱实景)。

3. 牌坊

牌坊位于儒学正脉主入口前区,采用的是"三门八柱冲天式"立体牌坊样式(图 8-11:牌坊组景)。冲天式牌坊是明代石质牌坊的共性特征,立体牌坊的早期案例以明代许国牌坊为代表,该样式在当今中国较为少见。荒料表面的肌理有隐喻自王阳明而起的贵州正统文化启蒙的意味。板凳挑的运用还有巴文化建筑的特征性韵味。主跨径是垂询石料厂家后设定的最大值,为修正视觉误差,牌坊的整体高度按良好立面效果的 1.15 倍进行过修

图 8-9　凤柱设计效果 （石东明 绘）

图 8-10　凤柱实景 （罗雄 摄）

正。所有的一切均渗透着对乡土石作文化表现力细腻而又特别的思考,故而成型后的牌坊也成为全区的亮点与点睛之笔(图 8-12:牌坊实景)。

4. 洗心池

位于儒学正脉轴线上的牌坊与太虚圣坛,用一带型水系连接,以借水至柔、至真、至纯的特性来表达王阳明内心的纯净与空灵,这即洗心池景点。整个水景被限定在 60 m×8 m 的矩形水池中,水从太虚台上跌落而下,并通向牌坊。在矩形区间内,则是按喀斯特地貌中的溪沟意象营造的水系,其池底为卵石铺就,池岸缝隙间点缀有湿生植物,两侧设有雾喷。每当雾起,恍

图 8-11　牌坊组景　（罗雄 摄）

图 8-12　牌坊实景　（罗雄 摄）

若仙境（图 8-13：洗心池雾景）。

四、后记

　　作为笔者设计并实施的首个以乡土石作景观为特色的广场，虽在追求乡土气韵的营造过程中有不少难以预料的事情发生，但由于对场所环境了

图 8-13 洗心池雾景 （罗雄 摄）

解充分,设计前期的分析思考到位,本着有所坚持但又兼听并蓄的思维处理营造中的实际问题,故而建成后的总体效果还是有保障的(图 8-14:遗珠拾粹)。该广场建设也存在某些失败的方面,最大的败笔当属王阳明雕像。笔者在方案设计之时,曾对雕像的形态与高度根据牌坊洞口尺度以及观赏空间距离进行过严密推敲,并提出王阳明雕像横向展开的舞琴坐姿形态的控制要求(图 8-15:雕塑视线分析)。之所以是坐姿形态,是考虑到雕塑不应与阳明洞所在的栖霞山比高,且为凸显雕像分量而适宜横向展开——通过增强雕像看面的横向体量是能加重雕塑分量的,但这一经科学分析得出的结论未得到"艺术大师"的理解与尊重。事实上,雕像高度的突破并未取得更为"宏伟"的效果,带来的反而是牌坊框景效果的丧失。立起的王阳明雕像看面过窄,故而显得瘦弱渺小并与粗犷的乡土风格不够协调,过于拘束的姿态也不够豪放大气。而在雕像设计与安装的整个过程中,由于雕塑家所走的路线层位过高,竟与作为总设计师的笔者未曾谋面,落得遗憾也在所难免。这也说明,好的雕塑作品一定要与环境密切配合,且以雕塑师与设计师的沟通交流为前提。

图 8-14 遗珠拾粹 （罗雄 摄）

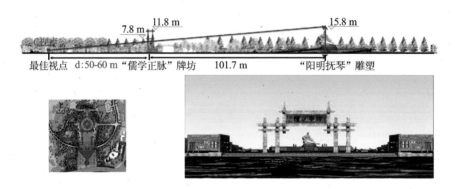

图 8-15 雕塑视线分析 （石东明 绘）

（项目组成员还有石东明、樊邹、江吟、鄂燕、宁宇，感谢欧阳祯人教授对本广场的文化创意与研究及其在本广场以至阳明文化园的运用，感谢汤晓凤先生的博学给广场设计带来的灵感！）

第二节 蕲春市民广场设计

一、项目简况

蕲春县隶属湖北省黄冈市,地处鄂东边陲,北倚大别山南麓,南邻长江中下游北岸,素有"吴头楚尾"之称,历来是水陆交通要冲。市民广场位于蕲春县城南的赤东镇,其北侧为会展中心,东侧为独山公园,西侧则以李时珍大道为界,基地长约 220 m,宽约 187 m,总用地面积为 4.15 hm²。基地内部地势平坦,无明显高差。

二、构思布局

明代中医药学家李时珍在蕲春家喻户晓、耳熟能详,以李时珍为主题的城市户外空间在本基址东面的独山公园与西北面的濒湖公园中早有体现,且本广场边界道路亦称李时珍大道。为避免过度"消费"李时珍而使主题泛化,也是出于为广场寻求特色的目的,促使本广场将其文化主题定位于蕲春的地域民俗文化方面。而当地民俗文化最具特色的莫过于"蕲春四宝",即蕲蛇、蕲龟、蕲艾、蕲竹。"蕲春四宝"最终便成为本次设计的创作构思之源(图 8-16:蕲春四宝)。由此形成广场"一心四园"的格局,即一个中心广场和四个小园:蕲竹园、蕲艾园、蕲龟园、蕲蛇园(图 8-17:总平面图)。广场四角绿地则分别被赋予老、少、中、青等不同年龄阶层的休闲绿地内涵。考虑广场空间的开放性,故在绿地内采用以点对点的直线游路连接广场与周边空间,并使广场游园呈现出具有构成感的形式美内涵。结合广场所处区位与周边地块的功能特征,拟定的设计定位为:该广场是以市民休闲、娱乐、健身、小型集会等功能为主导的,以蕲春乡土民俗为特色的市民文化广场(图 8-18:全局鸟瞰)。而蕲春东靠大别山,其上石寨林立,乡土石作景观丰富且盛产石材,这为乡土石作景观带来了又一次的表演机会与又一处发挥舞台。

图 8-16　蕲春四宝　（蕲春官网）

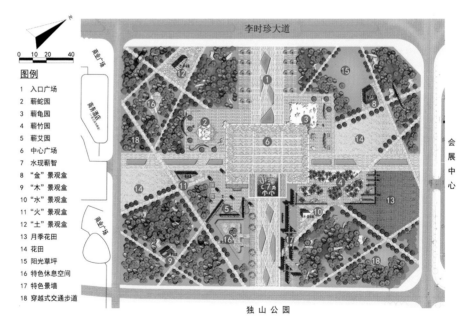

图 8-17　总平面图　（石东明 绘）

图 8-18　全局鸟瞰 （罗雄 摄）

三、乡土造景

1. 水现蕲智

该景处于广场中心，考虑到乡土水景若用现代喷泉之类的形式来营造会比较突兀，故而采取涌泉的方式理水，这对乡土水景营造也是一种尝试。

在水景营造中，以篆体"蕲"字为平面，并选取适当笔画进行立体拉升，顿笔处则设一涌泉泉源，使 7 处泉源处于不同高度，涌出之水落入池中便于循环使用；池体水深不同，则对字形有不同显现效果，该景故而被命名为"水现蕲智"（图 8-19：水现蕲智）。字形与池体均用乡土石作景观营造手法打造，池岸由乡土片岩累砌并延至池底，空余处则平铺卵石找平；池体留有一定石隙以利于植物种植（图 8-20：水现蕲智）。该石景后因施工单位方面取石困难而被改为塑石造景。

2. 蕲竹园

以当地盛产的蕲竹作为主景，取竹林听风意境，乡土石作步道环绕，绿地中穿插巨条石供人休闲小憩；周边以石桌、矮墙等衬托点缀（图 8-21：设计原稿）。可惜的是竹林长势欠佳；原本设想的巨条石亦被置换，由小段条石拼砌而成，这也使效果有所折损；而周边矮墙亦因造价原因而被删减（图

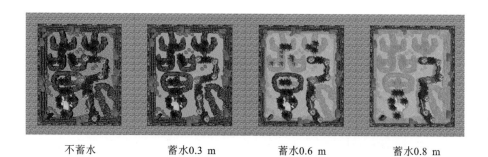

| 不蓄水 | 蓄水0.3 m | 蓄水0.6 m | 蓄水0.8 m |

图 8-19　蕲字造景　（石东明 绘）

图 8-20　水现蕲智　（罗雄 摄）

图 8-21　设计原稿　（石东明 绘）

8-22:蕲竹园实景）。

图 8-22　蕲竹园实景　（罗雄 摄）

3. 蕲艾园

主景是在一片约 4 m 见方的由微凸层岩圈定的范围内,通过内凹围砌的方法以显出艾草形水池,中间搁一组置石,置石顶有涌泉泉源;周边有为藤蔓植物包裹的乡土石作矮墙陪护。（图 8-23:蕲艾水景）。

图 8-23　蕲艾水景　（罗雄 摄）

4. 蕲龟园

在一片曲尺形沙池上搁置 5 个大小不等的石龟,有的似游走至沙池以外,这是专为迎合儿童喜好设置的游玩场所。石龟由多块石材拼砌而成,形态憨拙,深受市民喜爱(图 8-24:蕲龟园实景)。

5. 蕲蛇园

蕲蛇园场坪的核心是以蕲蛇身上的方胜纹为素材,采用乡土石作景观营造方法铺就的一组图案。以直径 300 mm 的红色圆钢管仿蛇之扭曲形态,围绕上述方胜图案游行,时而没入地下,时而又如蛟龙出海,趣味盎然(图 8-25:蕲蛇园实景)。

图 8-24　蕲龟园实景　(罗雄 摄)　　图 8-25　蕲蛇园实景　(罗雄 摄)

第三节　南阳武侯祠广场再次设计

2005 年,受南阳市规划局委托,我们曾对武侯祠文化广场进行过初次规划设计(参见本书第六章第一节)。但由于卧龙路是下穿、平穿,还是终止于卧龙岗前等城市道路交通改造问题所涉规划层位过高,已非个体项目所能驾驭,这直接导致该设计项目久拖未决甚至停摆。时间转至 2013 年,代表当地政府的南阳卧龙岗旅游开发公司,本着保护武侯祠及其所在的卧龙岗环境,整合资源打造以卧龙文化为主导的"智慧公园",作为该公园与武侯祠出入共享的广场规划问题再次被提出,原设计也得以重新回炉。只不过,不甘于现状的我们总是想着如何改变与提升,由此也开启了对该广场再次设计的探索之旅。

一、条件先决

　　武侯祠文化广场的现状情况前文已有交代，二次设计不同之处在于：①原广场南界除保留烈士陵园外，其余有碍广场景观形象的计生办、电管所、税务所等卧龙乡所属建筑将全部予以清除；②广场与智慧公园的空间与交通需要进行衔接；③总规划用地面积亦增至 3.16 hm²。

　　与初次设计面对的难题相同，穿越本片区的卧龙路路段的道路交通问题还是制约规划设计的核心。该路段平交穿越广场的方式首先被设计组否决，剩下的途径仅有两种，即下穿或改线。改线方案涉及片区周边道路功能的变化，甚至涉及卧龙路对外交通功能的调整，这同样非下位的详细规划所能左右，故而本次规划设计思考的主要方向还是围绕该路段的下穿问题进行。

　　卧龙路横亘于武侯祠与广场之间，是连接南阳中心城区与城市外环的骨干城市道路，也是南阳城市中连接白河、玉雕、卧龙岗等多样文化，并对外衔接湖北老河口市方向的重要廊道。为保护卧龙岗地脉的完整，也是为保持智慧公园内部交通不受割裂，我们重点比较了卧龙路的多种下穿方案，其中方案 1 的优势较为明显，体现在：较好地保护了卧龙岗文化景观的完整性，地下通道线形、断面较为平顺，交通组织较佳；虽然也存在地下管线整体重建、造价较高等问题，但综合而言是较优的（图 8-26：卧龙路下穿方案 1）。下穿方案的确定为后续工作的顺利开展扫平了障碍。

二、吐故纳新

　　本次规划设计在衔接新条件背景的同时，还继承了原设计的格局与造景思路。主要体现在以下两大方面。

　　第一，西高东低的岗地与中国的地形地势正好对应，岗地犹如"中国大陆"，而广场东南的景观池则犹如"东海"，广场内的两条曲折水景则犹如"长江、黄河"。第二，武侯祠文化广场不仅延续了武侯祠的历史轴线，且以该轴线上的"蟠龙池"为核心放射出了另外三条轴线，分别为入口轴、汉画街轴与智慧轴，形成"一核四轴多点"的景观结构（图 8-27：总平面图）。

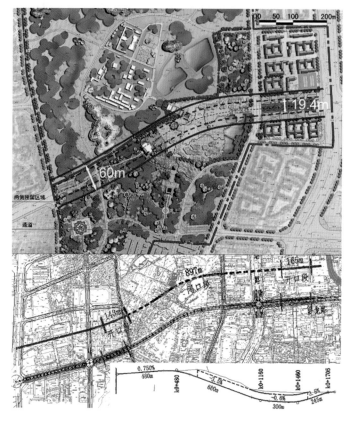

图8-26　卧龙路下穿方案1（吴少英 绘）

　　南阳的石文化内涵极为丰富。除闻名遐迩的南阳玉石文化外，还包括：①南阳城内拥有明早期所筑的王府山，这在中国亦属现存的最早的假山之一；②南阳拥有在数量与质量上均在全国首届一指的汉画像石，且该画像石馆紧邻卧龙岗；③南阳内乡是全国知名的石雕之乡；④南阳市域内的秦岭、伏牛山、桐柏山盛产各种大理石、花岗石和卵石；⑤南阳西峡是恐龙蛋化石之乡；⑥南阳还有诸如内乡县峭曲、淅川县盛湾等拥有大量石作民居建筑的资源地。故而，立足南阳本土石文化，采用乡土石作景观的手法对广场进行二次深化设计便成为本次工作主要的发展方向（图8-28：鸟瞰图）。

　　乡土石作景观在当代的中国园林、仿古街区、美丽乡村等建设项目中有较广泛的应用，然而在城市广场中的大量运用还不多见，故而以地域石文化

图例：

① 隆中对　② 蟠龙池　③ 舞台　④ 泰山石敢当　⑤ 卧虎藏龙

⑥ 竹林　⑦ 景观池　⑧ 旱喷　⑨ 公园大门　⑩ 千古人龙牌坊

图 8-27　总平面图　（吴少英 绘）

图 8-28　鸟瞰图　（朱穆 绘）

表现为己任的本广场便具有了打破常规、勇于创新的意味。

三、点石成"景"

以三国文化为内涵、以景观节点为载体、以乡土石作景观为手段,打造一个文化内涵丰富、乡土特色鲜明、空间形貌拙朴、符合功能要求的城市文化广场便成为我们的工作目标。乡土石作景观将成为本次设计的重要手段,从而贯彻于广场的整体以至各设计细节中(图 8-29:各景观节点效果图),下面给予阐述。

图 8-29　各景观节点效果图　(朱穆 绘)

1. 三国铺装

与现代石质板材的机械加工相比,乡土石作板材是手工业时代的产品,保证其外观的手工艺特征是关键,故乡土石作板材在平整度、精细度、方整率等标准化方面的要求均与现代机械加工的石质板材完全不同,而这也是乡土石作景观的魅力所在。南阳市域的石材品种丰富,广场大面铺装拟采用的南阳青便具有较一般大理石硬度为高但又较花岗石为软的特点,其表面纹理耐磨但又易于加工成型。拟用斜纹、云纹、荔枝纹 3 种不同肌理的面料区分三国版图,边际则用南阳晚霞红荒料收口。考虑广场边界的不规则,我们以 200 mm×200 mm 的方板为统一尺度并曲尺收口,以提高材料使用的套材率并方便施工。

2. 卧虎藏龙

该景点位于蟠龙池西南,指代"三江源地区"。为直径 16 m 的景观池所包罗,池内置一组巨型卵石,似放大了的一窝南阳西峡的恐龙蛋化石,其寓意为南阳的"卧虎藏龙"。池内附生水草,池周以南阳晚霞红片石点缀出 8 处方位,并分别标示出"福、禄、寿、喜、情、爱、才、念"等字样,以利不同祈求之士在相应方位投币祝福。南阳伏牛山溪涧中孕育着大量大型花岗岩质卵石,选取恰当石材筑景也是对地域精神的传递。

3. 蟠龙池

该池是整个地块与广场的核心。池的规格约为 12.4 m×8.4 m,是一个以荒石垒筑构建的景观池,池中有蟠龙形的象形石俯卧,象征着卧龙先生潜居此地;池内及其周围点缀数块小景观石形成呼应;池边以石头垒筑成条形种植池,其内种植龙船草、龙舌兰等植物。

4. 草庐对

该景点位于蟠龙池东南,是整个广场的几何中心,指代的是"南阳"。该景以灰麻花岗石为主材搭建门形"巨石阵"景观,石柱上镌刻诸葛亮的《隆中对》(该文在南阳更被青睐的名字是《草庐对》),以示诸葛亮在此向刘备指出了"争霸天下之门",南阳才是"三分天下的策源地"。灰麻花岗石也是南阳汉画石的材料。主景周边以片石围护沙坑,再以绿化带环绕,配以条形石凳以供游人休息。

5. 石质小品

广场中布置的石质小品包括泰山石敢当、城市图腾石与石质城市家具。泰山石敢当设置于武侯祠轴线东南尽端的汉画路旁,仿民间实物造型。城市图腾石共有12处,散处于广场地图相应位置,分别指代"洛阳""建业""成都"等12座重要的城市,以各地著名的景观石板材建设,并镌刻相应地名,以增强景观的可参与性。如以"河洛石"指代洛阳,以"雨花石"指代建业,以"雅安石"指代成都等。石质城市家具指广场内以乡土石材为原材料制成的公共卫生、交通服务、休闲服务、空间美化等各类设施,如石桌、石凳、石质指示牌、石质垃圾桶、石质景观灯等。

6. 曲水流觞

指代"黄河、长江"的两条水系,发轫于卧虎藏龙并流经广场注入"东海"。水系宽窄在300~1500 mm不等,卵石基底,边界用喀斯特层岩护砌,溪宽之处置石当汀步,溪间再辅以水生花草,即成美景。

乡土石作景观是武侯祠文化广场设计中的一大亮点,也是运用工程景观营造文化特色的一种尝试,其效果值得我们期待。

(本节初稿为吴少英所作,其他设计参与者有余志文、秦姗姗、朱穆、柯纯等,特致谢!)

第四节 随州大隋苑广场设计

一、项目渊源

公元562年,杨坚受任北周王朝的随州刺史。在随州的两年时间内,杨坚以避求存、韬光养晦,为日后取代北周、一统天下奠定了基础。有此渊源,杨坚夺取政权后即将国号改为"隋"。采用此"隋"而非彼"随",主要因"随"含"辶",有奔走不宁之意,故被杨坚易之。

据南宋《舆地纪胜》记载,杨坚故居位于随州城西南三(十)里的随城山,宋时为智门寺所在。2016年,随州市政府决定以此为核心打造占地20 hm²的杨坚及隋文化纪念地。类比西安之于大唐,杭州、开封之于大宋,随州作为隋文化的渊源地，故以"大隋"命名本项目可谓实至名归，又因"苑"有指代古代帝王花园之意，故而有"大隋苑"之定名，而该名也得到了当地政府的广泛认可与支持。由此确定的规划设计定位为：大隋苑是以隋文化为主题的，以近自然森林为背景的，兼具名人故居、森林休闲、城市地标、烈士祭奠、花卉市场等综合功能的，具有隋唐风格特点的名人故居型专类公园，也是隋代皇帝杨坚的纪念地（图 8-30：大隋苑总图）。

图 8-30 大隋苑总图 （张承虎 绘）

随城山位于府河南岸,与随州老城隔河相望,是白云山国家森林公园的一部分,也是城区的绿色屏障,2016 年,这里被设立为国家级生态公园试点。大隋苑即坐落在随城山北麓紧邻随州烈士陵园的位置,本次规划设计范围仅为大隋苑广场及杨坚故居两大片区。其中杨坚故居处于三山庇守的山坳之中,藏风聚气,是祥瑞宝地;大隋苑广场则位于故居之东,属两山夹峙的长约 120 m、宽有 60 m 的沟谷,该谷北衔滨水的白云大道,自然成为随城山国家生态公园的主入口;南部为一低地,可就势形成一定面积的水面;西侧的原进山道路尚需保留,穿越水塘处则可顺势改造成桥梁。由于该道从白云大道起一路上坡,故其桥有"登云桥"之名。

结合公园主入口的功能定位,本着保护山体、尊重现有地形地貌的原则,以杨坚故居所依智门寺遗址的原有格局为依据,以隋文化彰显与弘扬为目标,确定了本次规划的"一心两轴三片区"格局。其中"一心"为大隋苑上广场;"两轴"分别为大隋苑广场与杨坚故居的中轴线;"三片区"分别为大隋苑广场、杨坚故居与周边的生态保育林地。

二、大隋苑广场设计

大隋苑广场北临城市主干道——白云大道,占地 1 hm²。与动辄上十公顷的城市广场相比,其尺度并不大,这反映当今我国对广场的审美倾向已由过去的追求宏大、空旷而向精致、特色的方向转移。广场按地形层次分为 3 个区,并由一条中轴统领。依序形成下广场、上广场、灵龟对景 3 大部分。两旁则依序有旱溪雨水花园、记功柱、乡土石作阶梯、护栏等陪护设施,中轴末端设一棂星门,其对景为隔湖相望的神龟(图 8-31:广场鸟瞰)。

为加深广场的厚重感,也是考虑杨坚客居随州时的低调,同时还为凸显隋文化之久远,广场以乡土石作景观风格的青石为主材,并辅以青砖进行打造。之所以采用些许青砖为材,主要是呼应已建成的原智门寺入口的用材,并使新旧两者的用材相互包容。故而,大隋文化广场不仅是一扇大隋文化的展示之窗,也是一幅乡土砖石景观的绘卷。

图 8-31　广场鸟瞰　（张承虎 绘）

1. 乡土铺装

　　由于笔者在阳明文化园的儒学正脉中对石作景观的乡土组合、加工与运用技艺已有诸多探索，故对本广场的乡土石作景观运用已是驾轻就熟。乡土石作景观根据地域及经济投入不同，其营造还是有粗细之分的。考虑到随州接近中华文化较为中心的位置，且其营造传统悠久且功力较为深厚，故其乡土石作景观风格我们定位于精细乡土的范畴。这与儒学正脉的粗犷、质朴之乡土风格有所不同（图 8-32：乡土石作近景）。

　　下广场以深灰色手凿荔枝面长条青石错缝铺装，其边用横纹青条石收口；与城市道路衔接处则用青砖过渡。踏步用长 1500 mm 的长条整青石铺就，踏面为荔枝纹，侧面则为斜纹。上广场铺装则更为丰富，共用了 8 种不同规格、质地的板材进行铺装，并形成回形纹、潜龙纹、五弦纹等多种纹样，衔接部位均用小尺度的青砖过渡，同时采用浅灰色横纹青条石对广场边界进

图 8-32 乡土石作近景 （刘洪玮 摄）

行勾勒收边。广场的颜色由外而内总体呈现浅—深—浅的变换（图 8-33：广场铺装平面）。

2. 杨坚功绩柱

广场立有 8 根记功柱，以彰显杨坚之功绩。记功柱通高 5.81 m，以纪念杨坚于公元 581 年建立隋王朝。记功柱用青灰色整石雕琢而成，柱身立于簋状柱础之上，以"八簋"暗指杨坚的帝王身份。8 根记功柱对称布局，上下广场各立 4 根，不同之处在于，记功柱在上广场立于硬质环境以彰显皇权的威严，而在下广场则处于其四角的雨水花园中，以增添杨坚的亲民性（图 8-34：杨坚记功柱）。

3. 棂星门

"棂星"本作"灵星"，又称"龙星"。棂星门则起源于"灵星祠"，系汉高祖下令祭天之用，至宋代文献方现"灵星门"（后儒家尊孔子为天，方于孔庙设立"灵星门"）。此处设立棂星门是利用其"龙星"及"祭天之用"的双重内涵，以指代杨坚的天子身份。

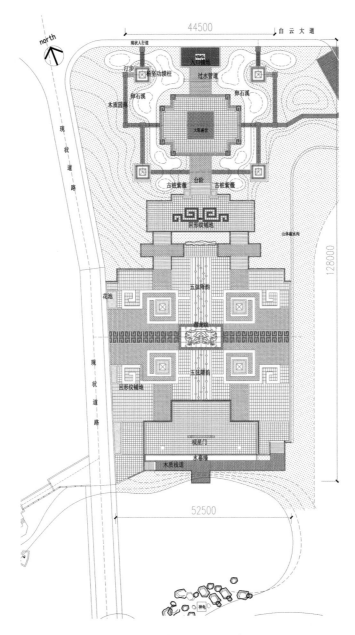

图 8-33 广场铺装平面 （樊邹 绘）

图 8-34　杨坚记功柱　（刘洪玮 摄）

棂星门设置于广场中轴线的南端，通体采用青灰整石打造；为与杨坚的身份地位匹配，牌坊立柱冲天出头部分用云纹装饰，其上再立坐狮雕塑；牌坊高 9.5 m，取意象征天子的"九五"之数。该牌坊既是广场收头，又为神龟框景之用，同时还有开放式公园入口的象征意义（图 8-35：牌坊）。

4. 神龟

相传杨坚登基后，九州各地皆现祥瑞，或为祥云、或为霞光之象，唯随州独现神龟，随州所现神龟之上还刻有"上大王八千七百万年"字样。且唐代《广弘明集》又记："皇帝亲抚之，入于袖怀，自然驯狎。"可见神龟既是联系随州与隋王朝的重要纽带，又是随州的殊荣，自然亦成本次大隋苑造景设计的核心内涵。

广场的南侧是由现状堰塘改造的生态水景，神龟则置于水池南岸广场中轴线的延长线上。神龟用青灰整石打造，高 8.7 m，依"上大王八千七百万年"而定。其造型之源为武当山玉虚宫内的赑屃（龟状神兽，龙之子），龟背上驮碑，碑上刻文"上大王八千七百万年"。在靠近神龟的水边营造黄石驳岸，设条石背景墙护衬，墙头立有双阙（图 8-36：神龟）。

图 8-35　牌坊 （刘洪玮 摄）

图 8-36　神龟 （刘洪玮 摄）

5. 卵石旱溪

下广场四角绿地中设有卵石旱溪式的雨水花园,一方面是满足海绵城市建设之需,另一方面则为凸显广场景观营造的多样性。广场硬质铺面上

的雨水均汇入这两个雨水花园；暴雨时在旱溪上形成明流，明流通过溢水管进入市政管网；小雨时则在砾石中形成潜流。除将雨水导入市政管网外，卵石旱溪自身也是具有一定容量的蓄水池。总之，卵石旱溪是乡土卵石作景观与海绵城市景观的结合，是乡土景观与前卫理念结合的产物（图 8-37：旱溪雨水花园）。

图 8-37　旱溪雨水花园

三、杨坚故居设计

杨坚故居位于原智门寺遗址处，并依该遗址的合院格局建造，占地 0.8 hm²，总建筑面积为 650 m²。该处属一山坳，北、西、南三面均有山体围护，山顶上为近现代修建的烈士陵园。烈士祠的巨大体量对杨坚故居形成压迫，故如何通过建筑形体与绿化实现视线遮挡是该建筑设计的一个重要思考方面。由于隋朝时代较短，故参考唐代建筑风格进行建筑设计（图 8-38：杨坚故居内庭）。基址东面有约 6 m 高的陡坎，结合隋唐风格定位，故利用该高差将故居主体按阙式高台建筑打造。而唐之高台建筑在当时也是一种较为常见的建筑形式,典型的阙式高台建筑便是大明宫。建筑场坪亦有 2 m 的落差,本设计则利用该高差形成跌落式内庭,在凸显正屋视觉效果的同时还丰富了庭院空间。建筑围合内庭并形成一正二厢房格局,以回廊连接,高差处顺势跌落(图 8-39:杨坚故居平、立、剖面图)。

图 8-38　杨坚故居内庭　（刘洪玮 摄）

　　为凸显高台的完整,也是为使建筑保持"舍宅为寺"的随宜性,庭院大门结合地形开向西南方位,6 m 高的梯道以其曲折的形态与体量对其左侧的山体有空间均衡作用。隋唐建筑规制严格,故结合杨坚当时的从正三品的随州刺史身份,确定其正屋为 5 开间。考虑到杨坚故居的居住建筑性质,且又处于南方,故建筑屋顶形式均用悬山式,正屋两端博风板下设悬鱼,以示清廉。柱为两端细中部粗的梭柱,柱脚为覆盆;梁、柱间不施斗拱;建筑色彩为青瓦粉壁朱柱;窗均用直棂形式。内庭铺装选材与大隋苑广场相称,为青灰石手凿面,墙体采用特制的城墙砖(图 8-40:杨坚故居远眺)。

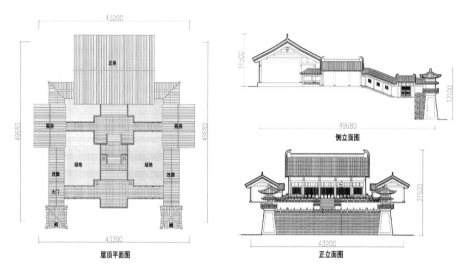

图 8-39　杨坚故居平、立、剖面图　（张承虎 绘）

图 8-40　杨坚故居远眺　（刘洪玮 摄）

（本节初稿为张承虎所作，其他设计参与者有乐美鹏、宋东东、石东明、樊邹等，特致谢！）

参 考 文 献

[1] 王引,石晓冬. 城市客厅的家具装点——浅谈王府井商业街街道附属设施规划[J]. 规划师,2000(06):32-34.

[2] 徐耀东,张轶. 城市环境设施规划与设计[M]. 北京:化学工业出版社,2013:1-4,51-74.

[3] 杨叶红. "城市家具"——城市公共设施设计研究[D]. 成都:西南交通大学,2007:3-13.

[4] 漆德琰. 城市家具——国外公共凳椅[J]. 家具与室内装饰,1998(3):4-5.

[5] 王菁菁. 城市性格与街道家具[J]. 建筑与文化,2005(10):94-101.

[6] 许世虎,杨波. 论现代城市景观家具的设计原则[J]. 科技创新导报,2008(3):171.

[7] 许蕾. 现代户外休闲家具设计研究[D]. 南京:南京林业大学,2008:7-13.

[8] 于正伦. 城市环境创造:景观与环境设施设计[M]. 天津:天津大学出版社,2003:1-34.

[9] 中华人民共和国住房和城乡建设部,中华人民共和国国家质量监督检验检疫总局. 城市道路交通设施设计规范(GB 50688—2011)[S]. 北京:中国计划出版社,2011:10-48.

[10] 李敏秀. 中西家具文化比较研究[D]. 南京:南京林业大学,2003:7.

[11] 杨子葆. 街道家具与城市美学[M]. 台北:艺术家出版社,2005:6-63.

[12] 约瑟夫·马·萨拉. 城市元素:设施与微型建筑[M]. 周荃,译. 大连:大连理工大学出版社,沈阳:辽宁科学技术出版社,2001:1-299.

[13] 刘娜,吴章康. 略议城市家具设计[J]. 家具与室内装饰,2009(1):90-91.

[14] GURAFIKKU-SHA. Elements & total concept of urban street furniture design[M]. Tokyo:Gurafikkusha,1992:2-9.

[15] AZUR Corporation. Urban Element Design [M]. Tokyo:AZUR Corporation,2007:1-3.

[16] 雅各布·克劳埃尔. 装点城市:公共空间景观设施[M]. 高明,刘丹春,译. 天津:天津大学出版社,2010:1-12.

[17] MelbourneCity Council. Street Furniture Plan(2005—2010)[R/OL]. Melbourne City Council,2005. www. melbourne. vic. gov. au.

[18] City of Toronto. Co-Ordinated Street Furniture Program(2006)[R/OL]. http://www. toronto. ca.

[19] City & County of San Francisco. Better Streets(2010)[R/OL]. http://www. sfbetterstreets. org/.

[20] 夏祖华. "人行化"——城市设计的重要课题——考察、学习国外城市"人行化"经验札记[J]. 城市规划,1985(3):51-56.

[21] 王周. 户外家具贴近大自然的定位[J]. 家具与室内装饰,1997(5):4-5.

[22] 鲍诗度,王淮梁,孙明华. 城市家具系统设计[M]. 北京:中国建筑工业出版社,2006:6.

[23] 中国建筑标准设计研究院.国家建筑标准设计[J]. 建设科技,2011(18):24-29.

[24] 李跃. 中南地区建筑标准设计编制管理浅析[J]. 中国住宅设施,2010(4):46-48.

[25] 阮仪三,刘浩. 苏州平江历史街区保护规划的战略思想及理论探索[J]. 规划师,1999(1):47-53.

[26] 李志刚. 历史街区规划设计方法研究[J]. 新建筑,2003(S1):29-32.

[27] 周俭,陈亚斌. 类型学思路在历史街区保护与更新中的运用——以上海老城厢方浜中路街区城市设计为例[J]. 城市规划学刊,2007(1):61-65.

[28] 何依,邓巍. 太原市南华门历史街区肌理的原型、演化与类型识别

[J]. 城市规划学刊,2014(3):97-103.

[29] 杨瑛. 城市形象与市民社会的空间权利[J]. 建筑学报,2000(9):34-37.

[30] 李长君. 创造宜人的城市景观[J]. 华中建筑,2000(2):91-92.

[31] 陈果. 东京城市道路景观设计特点[J]. 新建筑,2001(1):60-62.

[32] 周正楠. 关于建筑传媒手段的思考[J]. 建筑学报,2000(9):41-43.

[33] 李雄飞,赵亚翘,王悦,等. 国外城市中心商业区与步行街[M]. 天津:天津大学出版社,1992:2.

[34] 中华人民共和国建设部. 城市古树名木保护管理办法[J]. 建城〔2000〕192 号.

[35] Richard T T Forman. Michel Gordon. 景观生态学[M]. 张启德,等,译. 台北:田园城市文化事业有限公司,1994:10.

[36] 史念海. 黄河流域诸河流的演变与治理[M]. 西安:陕西人民出版社,1999.

[37] 中国林学会. 大地的保护神[M]. 北京:中国林业出版社,1997.

[38] 张正明. 楚文化史[M]. 武汉:湖北教育出版社,1995:8.

[39] 孟宪忠. 论生态市场经济[N]. 社会科学战线,2001(3).

[40] 岳颂东. 论城市形象十大关系[J]. 市场报,1999-09-01.

[41] 贺懋华. CI 策划实践[M]. 北京:科学出版社,1997:6.

[42] 李金路. 中国园林"九五"计划和 2010 年规划预测研究[J]. 中国园林,1996:2.

[43] 刘滨谊. 论跨世纪中国风景建筑学的定位与定向[J]. 建筑学报,1996 (6):19-22.

[44] GOLDSTEEN J B,ELLIOTT C D. Designing American:Creating Urban Identity[J]. Van Nostrand Reinhold,1994.

[45] 王大珩,荆其诚,等. 中国颜色体系的研究[J]. 心理学报,1997(3):225-233.

[46] AGOSTON G A. Color Theory and its Application in Art and Design[J]. Springer-Verlag New York,1987.

［47］ PARRAMON J M． Color Theory ［M］． Watson-Guptill Publications，1989．

［48］ 焦燕．城市建筑色彩的表现与规划［J］．城市规划，2001(3)：61-64 ．

［49］ 王建国．现代城市广场的规划设计［J］．规划师，1998(1)：67-74．

［50］ 张伶伶，等．整体的设计——吉林世纪广场一期工程创作［J］．建筑学报，2000(7)：59-61．

［51］ 疏良仁，等．北海市北部湾广场设计［J］．建筑学报，1998(6)：43-46．

［52］ 刘年，等．营造宜人的城市空间——大连广场浅谈［J］．规划师，1998(1)：42-46．

［53］ 周在春．上海人民广场改建设计［J］．规划师，1998(1)：47-51．

［54］ 孙成仁，等．广场设计中的后现代语汇［J］．规划师，1998(1)：79-84．

［55］ 孙荣．城市中心广场的文化内涵——兼论中国城市中心广场的现状与缺陷［J］．新建筑，1998(3)：67-69．

［56］ 戴志中．山地城市广场创造［J］．建筑学报，1998(1)：50-53．

［57］ 戴慎志，等．建构城市广场的特色空间环境——黄石市人民广场设计中标方案思路［J］．华中建筑，1999(3)：101-104．

［58］ 刘剑．重庆朝天门广场景观设计［J］．华中建筑，1999(3)：105-107．

［59］ 王晓燕．城市夜景观规划与设计［M］．南京：东南大学出版社，2000．

［60］ 中华人民共和国国家经济贸易委员会．"中国绿色照明工程"实施方案［J］．1996-9-18．

［61］ 中国照明学会，国家计委能源研究所．97 中国绿色照明国际研讨会［C］．专题报告文集，1997．

［62］ 王锦燧．中国照明学会 2000 年工作总结［J］．照明工程学报，2001(1)．

［63］ 魏征．隋书［M］．北京：中华书局，1973．

［64］ 道宣．广弘明集［M］．台北：新文丰出版社，1982．

［65］ 王象之．舆地纪胜［M］．北京：中华书局，1992．

［66］ 李诫．营造法式［M］．北京：中华书局，1995．

［67］ 司马光．资治通鉴［M］．胡三省，音注．北京：中华书局，1956．

［68］ 赵九峰. 阳宅三要［M］. 北京:华龄出版社,2007.

［69］ 湖北省随州市地方志编纂委员会. 随州志［M］. 北京:中国城市经济社会出版社,1988.

［70］ 漆德琰. 城市家具——国外公共凳椅［J］. 家具与室内装饰,1998(3):4-5.

后　　记

本书在写作过程中得到了很多支持与帮助，首先要感谢的便是与笔者相依为伴的妻子伍蔚红以及笔者的其他家庭成员给予的支持。为能使笔者安静写作，妻子在家经常是屏声静气、蹑手蹑脚的；为了给笔者创造每日清爽的工作环境，整理卫生、通风换气，不厌其烦。这本书的顺利完成她自然是厥功甚伟！

在本书的写作过程中，也就是 2017 年 1 月 12 号，笔者 76 岁的岳父大人伍昌平先生不幸仙逝！作为一位县级城市赤壁市曾经的规划局长，他有着对城市规划建设行业的眷恋与执着，并一直热衷于弘扬家乡文化及推崇与家乡有关的人物，尤其是在城市规划建设行业领域的人物，诸如鲍鼎、张良皋等大师，岳父对这些人物的事迹发掘与物件收藏，一点一滴，几十年如一日地坚持。岳父仙逝后，翻阅他收集整理的一册册由文章、字画、物件构成的资料汇编，笔者深深被其执着、细腻的内心世界所感动！他从来都是笔者作品的第一读者，笔者思想的第一聆听者，也是一位为笔者的家庭杂务不断操劳、永无怨言的良师益友！对他的逝世，笔者深感悲痛！故仅以此书献给这位受全家爱戴、亲友敬重的老人，我的岳父——伍昌平先生！

需要特别感谢的是笔者的两位硕士研究生秦训英与罗雄，作为本书的写作助手，他们积极踊跃地为本书的图文整理、拍摄、资料获取费心费神。没有他们的帮助，本书难以完成！

需要特别提及的是新楚景观旅游规划设计公司以赵军为首的众多规划设计师，他们是本书案例规划设计与实施的坚强后盾。笔者的很多思想都是通过他们进行表达、落实并付诸实施的，其中不少设计思想也凝聚着他们的智慧。衷心感谢他们十余年的追随、支持与帮助！

本书各章节的 20 余个案例的创作均是集设计组"大成"的成果，其参与者甚众，得到的详细帮助与支持名单列于各案例结尾处。再一次感谢他们的工作与贡献！由于时间跨度较大，对遗漏的贡献者特别致以歉意！